U0196595

中国古典园林分析

彭 一 刚

本书在概括介绍中国古典园林历史发展的基础上，着重强调中国造园艺术的基本特点在于"艺术地再现自然"。书中还用大量篇幅系统而仝面地分析了中国传统造园艺术的技巧和手法，并就南、北园林艺术风格的变化作了比较。为方便读者，除附有照片外还配置了大量插图及分析图。本书可供从事城乡规划、建筑设计及园林设计的建筑师参考。

本书的第一节"园林建筑历史沿革"部分材料系引用南京林学院陈植教授及清华大学周维权教授的有关论述，特在此表示谢意。

中国建筑工业出版社

图书在版编目（CIP）数据

中国古典园林分析／彭一刚著. —北京：中国建筑工业
出版社，1986（2023.12重印）
ISBN 978-7-112-00360-0

Ⅰ. 中... Ⅱ. 彭... Ⅲ. 古典园林-园林艺术-中国
Ⅳ. TU986.62

中国版本图书馆 CIP 数据核字（2005）第 115417 号

中 国 古 典 园 林 分 析
彭 一 刚
*

中国建筑工业出版社出版、发行（北京西郊百万庄）
各地新华书店、建筑书店经销
河北鹏润印刷有限公司印刷

开本：850×1168毫米　横 1/16　印张：10¼　插页：2　字数：106 千字
1986 年 12 月第一版　2023 年 12 月第五十三次印刷
定价：60.00 元
ISBN 978-7-112-00360-0
(16668)

写 在 前 面

　　五十年代前期，复古主义思潮深深地影响着整个建筑界，那时的建筑师如果不熟悉古典建筑形式，几乎是寸步难行的。为形势所驱，当时在建筑界曾掀起一个研究建筑历史和学习古典建筑形式的热潮。自1955年批判复古主义之后，这种热潮便骤然间冷落了下来。1959年为迎接建国十周年而兴建了国庆工程，虽然又一次强调对于传统的继承，并且有不少建筑再度地盖上了大屋顶，但除少数专门从事历史研究的同志外，一般的建筑师却很少有人把兴趣倾注在大屋顶上。近些年来，与国外的交往日益频繁，加之建筑功能的变化和建筑技术的发展，大多数建筑师都一致认为建筑界的主要矛盾在于如何实现现代化。因而，回过头来研究历史的风气便显得十分淡薄了。

　　但是有一种倾向却是发人深思的，即对于古典园林的研究不仅经久不衰，而且随着时间的推移似乎有愈来愈旺盛的趋势。这种情况只要从有关学术刊物所发表的文章中便可以得到证明。例如《建筑师》丛刊，自创刊以来就辟有古典园林研究专栏，几乎每期都要发表好几篇有关这方面的文章。在其它地方性学术刊物上发表有关古典园林研究的文章虽然无从统计，想来为数也是不少的。

　　我国传统造园艺术确实具有迷人的魅力。不论是谁，只要身历其境都或多或少地为其所感染。尤其是对于建筑师，这种力量则显得格外强大。回想五十年代初，当第一次置身于苏州园林时的那种激动心情，至今还难以忘怀。从那时起，便怀着极大的兴趣投身于传统造园手法的研究工作。当时的条件是很差的，不仅文字材料极为有限，而且绝大多数园林建筑都没有经过测绘。加之体会不深，结果仅写了一篇造园手法分析的文章，便束之高阁了。

　　虽然是暂时地搁置了起来，但心犹未死，总想在适当的时候再接着

搞下去。只是到了十年动乱时期，这种想法算是彻底地破灭了。直到1979年，适逢带研究生之便，又有幸地把南北园林走了一遍，于是潜藏在心灵深处的种子便再度萌芽，这时便有心在原来研究的基础上进一步向深度、广度扩展，具体地讲，就是想把我早先写的文章《中国庭园艺术处理手法的分析》变为一本论述古典造园手法的专书。事情虽然中断了二十多年，但随着阅历的增长思路好象还是开阔了一些，由此看来，这二十多年的时光倒也没有白白地流逝，尽管思考暂时停顿，但人的认识似乎会自发地向前推进。

　　主意既定，自不免要听听朋友们的意见。有的同志好心地劝告：与其把时间花费在这些老古董东上，倒不如研究一些设计中急待解决的现实问题。不言而喻，首先是怀疑这种研究究竟有多少现实意义。另外，也认为现在有一种"园林热"，大家一窝蜂似地搞园林，不仅发表的文章很多，而且还出版了一些专著，这种情况远非二十年前可以类比，既然如此，自然会使人担心究竟还有什么新的东西可写。

　　这确实是一个值得认真思考的问题。从最近几年的情况看来，不单是文章多，而且涉及的面也相当广，有些文章不仅有相当的深度，而且立论也颇为新颖。面对这种情况，如果不在研究方法上另作一番探索，势必会重蹈别人的旧辙。

　　依我看来，以往的文章虽多，但却有一种倾向，即描绘颂扬者居多，而对造园手法作具体分析的则较少，尤其是作全面、系统的分析则更为罕见。有些文章其文笔之美确实令人折服，但尽管读起来琅琅上口，可是合上书本后便印象淡漠。这样的文章如果用来引导人们欣赏古典园林艺术，确实不失为上乘的佳作，但用来指导创作实践，却不免有隔靴搔痒之感。当然，我丝毫没有贬低这些文章的意思，只是在想除了这种研

究方法之外，是否可以通过别的途径进行探索，从而作为上述研究方法的补充。记得贝聿铭先生也曾提出过要从设计的角度来研究中国古典园林的问题，也许在他看来以往的研究方法至少与设计的结合还不够紧密。

怎样才能把这种研究与设计创作结合得更加紧密呢？我认为最好的方法就是对传统造园手法作具体的分析。只有通过对大量实例作深入细致的分析，方可从个别中窥见出一般，从而揭示出蕴藏在传统造园手法之中的带有规律性的普遍原则。总之，一句话就是要突出地强调用分析的方法来研究传统造园的手法。

然而，我们知道，分析的方法是从属于理性的范畴的，它是近代科学的产物，并且又是从西方传到我国的。它和我国古代的思维方法不是属于同一个源流。而我国古代思维形式的特点则是重感觉、重经验、重综合的。例如计成所著《园冶》一书，虽然十分精辟地总结了他一生的造园经验，并成为不朽的传世之作，但毕竟是经验讲得多而道理讲得少。只要细读《园冶》便会发现，有许多提法均属如果怎样，便怎样、怎样，一句话，就是只讲当然，而不大理会所以然。这种情况与我国传统的医学颇为相似，例如针灸，谁都不怀疑它的疗效，但要问个究竟，恐怕至今也没有十分透彻地搞清楚。对于这种情况，如果要用现代医学或生理学的观点给以科学的解释，当然不是一件容易的事。不仅如此，如果稍有不慎，很可能生搬硬套，搞得十分牵强附会。但明知是这样，我们还是不能满足于古代的成就，于是提出中西医相结合的方针。医学研究是这样，对于古典园林的研究也应当是这样。当然，提出这样的问题并非要苛求于前人，只是说随着时代的进步，理应借助于科学的认识论——辩证唯物论——对遗产作一番新的整理和研究工作。只有这样，才能不仅得知什么样的因会产生什么样的果，而且还能解释什么样的因为什么会产生什么样的果；并且也只有这样，才能在原有的基础上有所发展，有所前进，有所创造。

除方法论的武器外，近现代建筑理论的发展对于开拓古典园林研究方法也有很大的启迪作用。例如构图原理，这种东西显然不是我们的"国粹"，而是自西方传来的舶来品，我们祖先当然不会根据这种原理来从事造园活动。但是一个不可否认的事实是，我国古典园林既然有如此强烈的艺术感染力，因而必然与形式美的法则并行不悖，这就意味着有许多造园手法都可以用构图原理的一般法则给予科学的解释。本书正是这样做的，它一方面可以印证构图原理的适应度，同时反过来又可以丰富、补充构图原理的某些结论。再如近代空间理论所提出的时间——空间理论所强调的时间——空间不可分离的整体观念，这在我国古典园林中早有体现，但是由于仅仅停留在自为的阶段，一般只能用"步移景异"四个字来作表述。这些，都有待于作深入细致的分析研究。

即使是当代最新的建筑流派如日本黑川纪章提出的"灰"的创作理论；美国建筑师查理斯·莫尔提出的空间的多维性；另一位美国建筑师凡丘里提出的建筑的复杂性和矛盾性……等各种各样最时髦的建筑理论，几乎都使人难以置信地可以在我国古典园林中找到体现。例如名噪一时的凡丘里曾明确地表示"……我倾向于乱烘烘的生气，过于显而易见的统一"。他的这句话很容易引起误解，即认为他主张混乱而蔑视统一。其实，稍为细心一点的人便会发现，他所反对的仅仅是显而易见的统一，并非一切形式的统一。那么什么是显而易见的统一呢？最典型的代表莫过于整齐一律或机械的对称、平衡。从这种意义上讲中国古典园林正是它的对立面，所推崇的恰恰不是显而易见的统一，而是带有某种含混性、复杂性和矛盾性的不那么一眼就能看出来的统一。中国古典园林正是因为具有这样的特点，所以才充满了生气和活力，以致迄今还不失为一个巨大的宝库，贮蓄着取之不尽的智慧源泉。这兴许是研究中国古典园林风气经久不衰的根本原因所在。诚然，我们应当为拥有这样的遗产而引为自豪，但却不能象阿Q那样，以标榜先前的阔气而聊以自慰。重要的是，我们应当从这些宝贵的遗产中总结出带有普遍意义的规律。

虽然强调借助于近代建筑理论的指导来研究我国传统造园的处理手

法，但也应当看到我国古典园林和西方建筑完全出于两种不同的文化源流，针对这种情况，也不应当把只适合于西方建筑的那一套理论体系原封不动地硬套在中国古典园林的头上。

还有一点需要指出的是：既然立足于用现代的分析方法来研究古典园林遗产，那么其侧重点自然应当放在对于实物的感受，而不囿于当初造园者的创作意图。这实质上表现为动机与效果的关系问题，就一般情况而论这两者应当是一致的，但实际上还会有很大的出入。再说，经过这么多年的变迁，不仅原作者的意图无从考证，加之后人不断改建，也搞不清哪些是原作，哪些是后续。至于某些私家园林，甚至连当时的使用情况也不甚了了。为此，只好用"就事论事"这句话来作遁词了。就现状而论现状，虽然从历史研究的角度看未免浅薄可笑，但比捕风捉影地猜古人的心思也许要略胜一筹。这种做法虽为历史学家所忌讳，但对于从事设计工作的建筑师来讲也许不会有很大的妨碍。况且西方已有先例，譬如在研究建筑比例问题时，借助于几何图形去分析古代建筑的构图，大概就是属于这种情况，既然西方人这样做了，不妨让我们也来试一试。

最后，还想说明一下插图的配置。我国古典造园艺术虽然也涉及到听觉、嗅觉等感官，但主要还是一种视觉艺术，这就是说主要还是靠形象（景）来传递信息（情）的。形象的东西固然可以用语言文字来描绘，但毕竟过于抽象，而不能使所要描绘的对象具有直观的形象性。借助于摄影可以补偿文字的不足，但也有某种局限性。常有这样的体会：身历其境时的感受极深，但一进入照像机的镜头便大为逊色。原因何在呢？

照片的准确性和真实感当然是无可怀疑的，问题就在于任何带有广角镜的照像机其所张角度均不如人的视野开阔。仅从这一点看，照片似乎还不及插图。此外，插图虽不如照片真实，但却可按照阐明问题的需要任人强调、取舍、省略。基于这两点，本书舍照片而取插图，并以它作为文字的主要辅助手段来表达意图。然而，不论是照片抑或插图，均属死的画面，这种孤立、静止的图象是无从表达动观情况下的连续性的。而古典园林的精华不仅在静观而且更为重要的却在动观，为了克服这一矛盾，凡有必要均配置了成系列的插图，以期保持画面之间的连续性。此外，为配合文字分析还有意识地运用了一些图解，这样将有助于把要阐明的问题更加鲜明地突出出来。

尽管想了一些办法，力求把意图表现得更加明确、清晰，但缺点总是与优点携手而来。例如以语言文字来表达，虽然不具有直观形象性，但却能给人留下暇想的余地。《园冶》一书虽无插图，但却耐人寻味，一经配上插图兴许会使形象凝聚僵化，反而显得笨拙。好在《园冶》讲的是一般造园原则，插图的有无似无关紧要，而这里却以实例作为分析对象，因而插图总是在所难免的。

特别需要申明的是：某些插图系根据步测的印象而在现场用徒手匆匆记录下来的，这样的图当然无准确性可言，不过以它来说明某些造园手法，至少在大的比例关系上尚不致有很大出入。

彭一刚
1984.2

再 版 缀 语

《中国古典园林分析》自1989年出版问世，颇受读者欢迎，并于1990年获首届全国优秀建筑图书一等奖。基于共同的文化传统，海峡对岸的学界也对此书表现出浓厚的兴趣，几乎在同一时间，有三家出版社竞相改用繁体字在台湾出版。著名学者台湾东海大学教授王锦堂先生在评价该书时写到："彭一刚的这本园林分析，打破了过去描述性的叙述，而由分析的探索开始，在方法论的层面上澄清了园林建筑的原理，使喜爱园林艺术的设计人员有所遵循和依归，这真是一本颇受称道的革命性研究……它将带我们从直觉的境界进入科学的范畴，我们也将因此书之帮助，亦能创造出不亚于前人的成就来。"从这些溢美之词中虽然得到很大鼓励，但头脑依然清醒，我国传统园林其深厚的文化内涵，决非几本论著和几篇文章所能尽言的，我的这本小书虽然有一些特点，但也不过是一家之言而已。

回顾这本书的写作，还有一段曲折漫长甚至还带有一丝辛酸的历程。还是在1957年的初夏，也就是于"大鸣大放"暂告一个段落之后，和我的一位同窗好友，结伴南下苏州，目的是考查一下江南园林。下车之后，为了节省旅差费，便在一个深巷中找到了一家名为"皇后饭店"的旅店，这是一家住宅式的小旅馆，从名称和陈设看，似乎昔日曾有过一度的辉煌，但眼下却十分破旧，登堂入室后两人相顾一笑，很象当时正上演的英国影片"雾都孤儿"中的某些场景，但是由于远离闹市，倒显得十分幽静，颇适合于我们的工作。住定之后，便挟着纸笔匆匆地走街串巷，按照地图指引方向，走访历史遗留下来的名园。当时的园林建筑还没有经过修整，比较残破，不过却保持更多的旧貌，游人特别稀少，有时竟是我们两个人的天下。由于没有任何资料可资参考，我们只能凭着感觉徒手记录下各个园的平、立、剖面，这本书的许多插图便是依据当时的记录而加工整理的。那时我还从未使用过照相机，自然也不会照相，我的

同窗比我略胜一筹，凭着从系里借出的一台旧相机总算照了几卷，但一经冲洗便大为失望，不是模糊一片便是黑白反差过大，总之，派不上用场。

约历时半月总算是完成了预期任务，本可以轻松地返回学校，不料"反右"的风声越来越紧，大有山雨欲来之势。本以为政治运动是上层的事，与己无关，特别是沉浸于旧时的园林中简直如世外桃源，但一回到尘世，压力便悄悄地袭上心头。由于在出发前的鸣放会上我们都有过一些过激言论，这时便犯了嘀咕，回校后果不出意料，批判的矛头便一天天地挨近了来。幸好我总算是打了一个擦边球，虽然受到一通批判，但却幸免于难，可是我的同窗却在劫难逃。以后我们便分手多年，共同采集的资料只好留在我的身边，但研究的兴头却一落千丈。

60年代初，正值困难时期，虽饥肠辘辘，但思想却逐渐放松，于是又把压在箱底的东西翻了出来，乘着残留不多的余兴加以整理，并撰写了一篇文章，带着它参加了在南京工学院（即现在的东南大学）召开的学术研讨会。但是仅凭这点材料要写成鸿篇巨制还差得很远。不过确实萌生出一种写书的意念，并深信一旦成书定然是特色独具，今天看来，当时真是年少气盛而无所顾忌。

然而"困难"一过，紧接着"四清"、"五反"和"文化大革命"的到来，空气紧张至极，哪里还有什么心思去搞学术研究。

劫难之后，终于迎来了宽松安定的新时期，1975年高等院校恢复了招生，后来又招进了文革之后的第一批研究生。于是借带研究生之便又把南北园林重走了一遍。不仅积累了更多资料，思路也更加开阔。人的思维真是一件奇妙的东西，它似乎有一种"自组织"的功能，散落零星的材料经它一处理便生出井然有序的条理来，于是一本书的骨架就此而形成。不过对我来讲更为便当和快捷的方法还是借助于形象思维去整理

图纸，而没有先去思索文字应该如何下笔，于是便集中精力，一气呵成地完成了全书的插图，这种先绘制插图而后配文字的做法恐怕也是少有先例的。虽说是"插图"，但与一般图书中的插图还是很不相同的，而是一种经过仔细推敲的、有严密组织的"系列"插图，单凭这些插图，书的大意基本上已了然于纸上。有了图、文字就好写了，只用了很少时间就完成了全书的文字撰写工作。与文字相比，插图却花费了更多的心血，本来设想这本书最吸引人的地方应当是图。然而，很出意料，书成之后由于制版质量的欠缺，部分插图分不出层次。

事隔多年，在重印了几版之后，中国建筑工业出版社又计划再一次重印，并允诺重新制版，保证质量，好纸精印，得知这一消息后，真是喜出望外，但愿改版之后，能以全新的面貌与读者见面。

至此，本当搁笔，但适逢农历春节，许多往事又萦绕心头，这里不妨再补缀一二。在经历了许多磨难之后，我的同窗好友又调回学校任教，不过对于园林研究早已兴味索然，但是我们之间的友情却一如既往。记得有一次我们因为各自的任务分别南下沪宁，并偶然在苏州相遇。触景生情，怀旧的思绪油然而生，于是相约去重访当年下榻过的皇后饭店，然而时过境迁，苏州早已旧貌换了新颜，原来深居陋巷的这座客店已不知去向，几经周折才找到了一所似曾相识的旧宅子，向主人打探，则一无所知。于失望之余正走出巷口，偶然遇到了一位老太太，经打听，正是当年的皇后饭店，不过眼下已经变成了一座大杂院，加之环境的改变，与嘈杂的市中心广场几乎是一墙之隔，早已失去了往日的幽静。侥幸的是尚未拆除，但与记忆中的印象相去甚远。注目凝视了一阵后便木然地离去，美妙而虚幻如烟的往事于片刻间也随之从记忆中消失。

彭一刚　1996.2.18　农历除夕

园林建筑历史沿革

[图1]

中国造园艺术历史悠久,源远流长。从《诗经》的记述中可以看出,早在周文王的时候就有了营建宫苑的活动。秦灭六国后又在渭水之南作上林苑,其规模之大竟达数百里。除在其中营建离宫别苑外,为了狩猎还在其中驯养了大量的奇禽怪兽。至西汉,又在秦上林苑基础上进一步扩充,遂使长安以南的广大地区悉归汉武帝的苑囿所有。除以自然山水为主的上林苑外,在宫廷中还以人工方法开辟园林。建章宫就是其中最大的一个。汉武帝时虽独尊儒家,但他却又相信方士神仙之说,故在宫内开太液池,并在池内置蓬莱、方丈、瀛洲诸山,以象征东海神山。这不仅成为嗣后历代帝王营建宫苑的一种模式,而且还在模仿自然山水的基础上又注入了象征和想象的因素。东汉迁都洛阳,园林的规模虽不及西汉,但却更为精致。

两汉时,私家园林也发展了起来,一些贵族、官僚如宰相曹参、大将军霍光、梁冀等相继在长安、洛阳两地建有园林。

魏、晋、南北朝时,统治阶级争夺激烈,国家处于分裂状态,战乱时起,社会动荡不安。加之道教、佛教的流行与影响,当时产生了一种玄学。士大夫阶级多逃避现实而尚清谈,思想虽十分活跃,但行为却放荡不羁。这时的士人,或纵欲享乐,或洁身远祸过着隐居生活,或遨游名山大川以寄情于山水。在这种风气影响下,文学艺术有很大的发展。例如以抒发自然情趣为主题的田园诗和山水画就是在这个时期兴起的,并且取得了很高的成就。如果说在这前对于自然美的欣赏还处于一种自发或自为的阶段,那么这时则已跨进了自觉的阶段,这就是说已经初步地确立了自然审美观。这些,对于造园艺术的发展都起了有力的推动作用。当时治园之风极盛,私家园林如雨后春笋,更是得到了长足地发展。例如著名的金谷园即系当时大官僚石崇所建。此外。见于《洛阳伽蓝记》的还有大司农张伦和侍中张钊的宅园。这些园林虽然从气魄上讲不如以铜雀台和华林苑为代表的皇家园林,但据记载,其自然风景和山石之美,似有过之而无不及。

这一时期,寺院园林也极兴盛。佛教自传入中国后,历经东汉、三国,渐次得到发展,至魏、晋时便依附于玄学进而影响到士族。这一时期立寺成风,南方的建康和北方的洛阳成为我国当时两大佛教中心。唐代诗人在描写南方佛教中心佛寺之多时说:"南朝四百八十寺,多少楼台烟雨中"。其实洛阳一带佛寺之多还远远超过建康。据《洛阳伽蓝记》中所提到的六十多个寺庙中,几乎寺寺有园,由此可见当时兴建寺庙园林风气之盛。

经历了三百多年的动乱,至隋、唐又复归统一。由于经济得到较快的恢复。城市和宫苑建筑又相继地发展起来。这时,隋文帝在大兴城建造了大兴苑,稍后隋炀帝又在东都洛阳建造了西苑。这是一个以人工山水为主的苑囿,规模很大,周围达百余里。苑内地形略有起伏,北部有十六组建筑群,并以洛水为水源,把水引入苑内以形成集中的大水面,水中仍沿袭汉时的模式,筑有蓬莱、方丈、瀛州三岛。此外,还有五个较小的水面,并以水渠相连通以形成完整的水系。这个园不仅规模大,而且内容也复杂多样,部分手法虽然承续了汉时旧制,但也有所突破,例如在大园中又以建筑群围成若干小院,这实际上就是园中园。这种处理方法则是前所未有的。

隋末,农民暴动四起,李渊乘时起兵,建立了唐王朝。不仅很快地恢复了封建秩序,而且由于生产大发展,从而成为历史上空前繁荣昌盛时期。伴随着经济发展,文化艺术也达到了一个新的高峰。当时的山水画已经形成为独立画种,并分成为两大派:一派是以李思训为代表的工笔画;另一派则是以王维为代表的写意画。此外,以自然山水为主题的山水诗文及游记也十分流行。这些,都说明对于自然美的认识又有所深化。

唐代的长安城是当时世界上最大的城市。城的正北是太极宫,也称"西内"宫内主要建筑为太极殿,殿后即为帝王后妃生活起居的处所,在往后过北宫墙为御苑,内有山池、台、殿等建筑。由于太极宫地势较低,唐初又在城北靠近太极宫的东北面建造了大明宫,又称"东内"宫的北部为园林，内有较大水池，称太液池。池中有一小山，名为蓬莱山。池的南部则有珠镜殿、郁仪殿、拾翠殿等建筑。

此外，在皇城的东部还建造了兴庆宫。除设有听政的处所外，为供帝王起居游宴还开凿了椭圆形的大水池，称龙池，池旁有亭，楼，并种植了花卉、树木。

除以上三所内宫园池外，在城的东南隅还建造了芙蓉园，该园西临曲江，有较宽阔的水面，临水有亭、台、楼、阁等建筑，风景极为秀丽。为便于帝王来此游览，还修建了夹城与"东内"、"南内"(兴庆宫)相通。

在城外则有禁苑。建于城的西北和渭水之南，周围约120里，内有亭、台，楼、阁、宫殿、园池等建筑。

唐代的私家园林也很兴盛，贵族、官僚在西京筑园者甚多，大部分均集中在城东南曲江一带。此外，在城的东郊与南郊也有不少私家园林。东都洛阳，作为陪都也是贵戚、达官竞相筑园的地方。白居易的宅园即建于此。宰相李德裕的私园平泉庄则建造在城的南郊。

除长安、洛阳外，一般文人如白居易还在庐山建造了草堂，王维则在兰田建造了辋川别业。这些山居别墅多以自然山林为主而略加人工建筑，较城市或近郊宅园更富有自然情趣。

五代十国的割据，虽使社会经济遭受极大的破坏，但却使南方某些城市成为当时政治、手工业、商业中心。例如地处吴越的苏州就是其中之一，当时造园之风颇盛。此外，远在南方的广州也兴建了一些庭园。

宋虽然结束了五代十国的割据局面，但农村经济一直是处于疲惫的状态。加之北方领土始终受到入侵的威胁，国势日益衰落。但是由于统治阶级多骄奢淫逸，贪图享乐，所以造园的风气却有增无减。

宋代的中国虽远不是一个强盛的国家，但在填词和绘画艺术方面却取得了很高的成就。宋时设有画院，集天下画士优加奉禄，致使绘画艺术得到很大的发展。在院外，还出现了以文同，米芾、苏轼等人为代表的文人画派，他们不求形似，而力主写意传神，为绘画开创了新的风气。其它如郭熙在《林泉高致》、李成在《山水诀》等画论中都十分深刻地论述了山水画立意、构图的要领和原则。这些都必然要影响到造园艺术的发展。

北宋园林多集中于东京汴梁和西京洛阳两地。汴梁为北宋京城，皇家苑囿均集中在这里。较著名的有金明池，位于汴梁城西，布局较规整，有明确的中轴线，正殿建于水池中央，名水殿，有虹桥相通，皇帝常在此观赏水景，在金明池之南有琼林苑，其中也有水池，但花卉、树木尤为繁盛。在城的东北部还建造了艮狱，作为人工山水园，设计得很巧妙，不仅使水、山相互环抱，而且在山形的处理上还具有良好的主从关系和起伏变化的外轮廓线。据记载在建造该园时还不惜人力、物力从江南一带运来了大量的名花、怪石。在汴梁，类似上述一些皇家苑囿共九处，至于贵族、官僚所有的私园就更多了。

北宋西京洛阳园林的数量虽比不上汴梁，但也相当可观。仅就李格非《洛阳名园记》所录就有24个之多。这些园林大多是在唐代旧园的基础上重建，但重点已从筑山而转移到理水和花木的种植，故从名称上讲也改唐代的"山池"为"园池"或"园圃"。此外，当时洛阳的花事也极兴盛，故有"花城"之称。

南宋政治中心南移，贵戚、达官多聚居于临安(杭州)、吴兴、平江(苏州)一带。临安是南宋的都城，西湖及其周围兴建园林之多不可胜数，其中皇家苑囿不下十处，其余则分属寺庙园林和朝贵们的私园。吴兴是当时官宦们退居之地，园林也颇兴盛。据《吴兴园林记》所录共有园林34处。平江虽距临安稍远，但却为当时经济、军事重地，加之有利的自然地理条件，也建造了不少园林。

元灭南宋后，中国即转入异族统治，民族矛盾、阶级矛盾异常激烈。元把人分为四等，汉人，特别是南人的地位极其卑微低下。由于经济处于停滞状态，这个时期的造园活动也无多建树。在北方只是把金大宁宫改建为太液池、万岁山，而使之成为宫中的禁苑。元大都(北京)及其它各地虽有若干私家园林，但数量不多。

明初建都南京。至明成祖迁都北京，以元大都为基础重建北京，又把太液池向南开拓，形成三海：北海、中海、南海，并以此作为主要御苑，称西苑。直到明中叶，由于农业、手工业有较大发展，造园的风气又复兴盛。这时的造园活动主要集中在北京、南京、苏州一带。北京是都城，贵族官僚均聚居于此，他们的宅园多分布在积水潭或城东南泡子河一带。郊区则有勺园、李园（清华园）、梁园等。南京是当时的陪都，也建造了不少私家园林。当时的苏州虽属一般城市，但由于农业、手工业十分发达。遂为经济上最富庶的地区，许多官僚地主均在此建造私家宅园，一时形成一个造园的高潮。现存的许多园林如拙政园、留园、艺圃等，最初都是在这个时期建造的。这段时期不仅是苏州，包括它附近的广大地区，乃至江北的扬州，造园风气都十分兴盛，许多文人、画家还直接地参与了造园活动。其中最杰出的代表为明末的计成，不仅具有丰富的造园经验，而且又有较高的文学、绘画素养，所著《园冶》一书系统地总结了当时的造园经验，成为我国古代唯一的造园专著。

继明后，清代的造园活动又有长足的发展，尤以康熙、乾隆两个时期为盛。清代北京的皇家苑囿不下十处。在城内主要是在明西苑的基础上进一步修整、改造，并增建了许多建筑，以使之达到完善的地步。在西北郊则先后建造了静宜园、静明园、圆明园、畅春园、清漪园等五个皇家苑囿。此外，还在承德修建了避暑山庄。清代的皇家苑囿无论在数量或规模上都远远地超过了明代，实为造园史上最兴旺发达的时期。

清至乾隆时期，经济、政治呈现出一片繁荣昌盛的景象。乾隆曾六下江南，不仅对园林怀有极大兴趣，而且本人又有较高的文化素养，在巡视中凡认为有可取之处，无不竭力仿效，遂使北方皇家苑囿吸取了不少江南私家园林的处理手法。清代园林的一个重要特点就是集各地名园胜景于一园。具体地讲就是采用集锦式的布局方法把全园划分成为若干景区，并分别设置许多个风景点。例如承德避暑山庄有康熙三十六景和乾隆三十六景；圆明园有四十景。每一风景点都有其独特的主题、意境和情趣。这种做法可能就是取法于西湖十八景。再就园内的某些风景点——建筑群来讲，受江南园林的影响就更为名显了。例如承德避暑山庄中的金山亭、烟雨楼等均分别模仿于镇江金山寺和嘉兴烟雨楼；文园狮子林系模仿苏州狮子林；文津阁则模仿于浙江天一阁。

除北京外，明、清时的私家园林多集中于扬州、苏州、吴兴、杭州等城市以及珠江三角州一带。集中在北京的主要是皇亲国戚以及在朝的权贵达官的宅园，而地主、富商的园子多分布在江南、岭南两地。乾隆南巡时路经扬州，当时沿瘦西湖两岸至平山堂一带几乎布满了官僚的园林，加之扬州园林的叠山技术特别见长，致有"扬州以园亭胜，园亭以叠石胜"的评价。与此同时。苏州也兴建或重建了许多园林。解放初期据统计还留下大小园林100余处，至今仍保留完好的许多园林，几乎都是晚清时的作品。

珠江三角洲地属岭南，气候湿润土地肥沃，具有造园所必须的良好自然条件。五代十国时属南汉领地，当时就已经有了造园活动，至明、清又为对外通商口岸，由于经济较发达，造园的风气也颇兴旺。但因受外来影响较大，致使岭南园林具有独特的风格。

从以上简短的介绍中可以看出，我国造园艺术是经历了一个漫长的发展过程的，这之中虽然有起伏和曲折，但总的讲来还是由粗陋而发展到精巧，由不成熟而趋向于成熟的。为明确起见不妨按发展过程的特点划分成以下几个阶段：

从周至汉：属于萌芽期。主要是皇家苑囿，规模虽大，但基本属于圈地的性质。秦、汉时尽管也出现过人工开池、堆山活动，但造园的主旨、意趣依然很淡漠。

魏、晋、南北朝：可看作造园艺术的形成期。初步确立了再现自然山水的基本原则，逐步取消了狩猎、生产方面的内容，而把园林主要作为观赏艺术来对待。除皇家苑囿外，还出现了私家园林和寺庙园林。

隋、唐、五代：可看作成熟期。不仅数量多、规模大、类型多样，而且从造园艺术上讲也达到了一个新的水平——由于文人直接参与造园活动，从而把造园艺术与诗、画相联系，有助于在园林中创造出诗情画意的境界。

宋：继成熟期后首次进入高潮。不仅造园活动空前高涨，而且伴随着文学、诗词，特别是绘画艺术的发展，对自然美的认识不断深化，当时出现了许多山水画的理论著作，对造园艺术产生了深刻的影响。

元：处于滞缓状态和低潮。造园活动不多。造园实践和理论均无多大建树。

明、清：再次达到高潮。造园活动无论在数量、规模或类型方面都达到了空前的水平；造园艺术、技术日趋精致、完善；文人、画家积极

3

投身于造园活动。与此同时还出现了一些专业匠师。不仅是人材辈出，而且还出现了一些造园理论的著作与专书。

自清末到民国，中国沦为半封建半殖民地社会。历史悠久的传统造园风格所赖以存在的社会基础不复存在，致使连续性中断。

园林建筑的分布

[图2]

园林建筑，作为物质财富和艺术创作，总是用来满足封建统治阶级——帝王、贵族、官僚、地主、士大夫、富商——的物质和精神生活要求的。为帝王所享有的园林称苑囿，可以在宫内，可以与宫廷相毗邻，也可以在郊外或自然景观优美的风景区。其它类型的园林为私家所有，一般均集中于封建帝王的都城或其它经济、文化比较发达和自然地理条件又十分优越的城市或地区。除以上两类园林外，还有寺庙、衙署园林。前者多分布于宗教圣地，后者则处于市井。

由于园林建筑具有悠久的历史与传统，因而其分布的地区也是很广的，但更为集中的仍在以下几个地区：以西安为中心的关中一带；洛阳、开封；杭州及钱塘江三角洲；南京、扬州、苏州及其附近各城市；北京，承德以及岭南一带。

今西安及陕西省南部地区，一直是西周、秦、汉、隋、唐等建都的地方，伴随着城市、宫殿的建筑，也兴建了大量的皇家苑囿，可以说是我国造园艺术滋生的摇篮。

西周的都城丰、镐的遗址尚待探查，但均在今西安附近则是比较确定的。秦都于咸阳，但并无明确的城郭，只是在渭水南北广大地区内建造了许多离宫别馆。当时东至黄河、西至汧水、南至南山、北至九嵕一带均属咸阳范围。秦灭六国后所建上林苑即在这里，其规模之大竟达300余里，阿房宫、兴乐宫等均在其内。西汉建都于长安（今西安西北），北临渭水，城郭虽不大，却在其内建造了未央宫、长乐宫、桂宫，在城西则建造了建章宫。此外，还在秦的基础上扩建了上林苑。东汉迁都洛阳。政

治中心东移，至隋、唐复归长安。隋文帝又在汉长安旧址东南建新都，称大兴城，唐改大兴为长安，仍都于此。从此，长安又成为全国政治、经济、文化中心。造园活动空前兴旺，不仅在城内结合宫殿建造了许多御苑，在城北还建有禁苑，在骊山则建造了华清池。长安除因作为政治中心而聚居了帝王、贵族、官僚外，其周围广大地区的自然地理条件也为建造苑囿提供了十分有利的条件。由于地处渭水之南，南面有南山作为屏障，加之又有沣河、潏河、浐河、灞河等数条河流贯穿其内，想来其自然风景也是十分优美的。

洛阳也是古代重要都城之一。由于地理位置较适中，又是经济、军事要地，从东周起，东汉、魏、西晋、北魏等均以此为都城。此外，隋、唐虽都于长安，北宋虽都于汴梁，但均以洛阳作为陪都。加之佛教传入中国后，首先在这一带流行，因而使洛阳不仅是当时政治、经济、文化中心，同时也是北方佛教中心。从地理条件看，洛阳不仅地理位置适中，而且北倚邙山，并有洛水、伊水贯城，特别是伊水清澈，更有利于引水造园。加之气候温暖，适合于花木滋长。所以自东汉以来就开始了造园活动，经隋、唐、魏、西晋直到北宋造园之风经久不衰。隋、唐西苑、金谷园、白居易宅园、李德裕平泉庄等均建于此，其它名园不可胜数，从《洛阳名园记》中便可看出造园之风之盛。

北宋的都城建于汴梁，即今之开封。由于宋代造园风气极盛，在这里也兴造了许多苑囿和园林，如艮狱、金明池、华林苑等均是。但由于南宋迁都临安，嗣后不再成为政治中心，造园活动便日益衰落。

杭州也是古代著名的都城之一，五代的吴越和南宋王朝都曾在这里建都。特别是宋室南迁，遂使杭州成为全国政治、经济、文化中心，杭州的发展是和西湖的开发密切联系在一起的。杭州素以风景优美而著称，历史上文人雅士都为其所倾倒。正如苏轼在诗中所描绘的："水光潋滟晴方好，山色空濛雨亦奇；欲把西湖比西子，淡妆浓抹总相宜。"——既有水又有山，春夏秋冬、雨雪阴晴，无论什么时候西湖都能以它那如画的魅力而使人陶醉。再加上杭州又处大运河南端，受战争影响较少，农业、手工业较为发达，经济繁荣富庶……，这一切正是封建帝王、贵戚达官苟且偏安、贪图享乐的理想场所，因而自宋之后多少年来一直在此开发西

湖自然风景，并大量兴建宫苑、别墅、山庄。

南方的另一个城市南京，也曾多次作为都城，造园之风一度也颇兴旺，但与扬州、苏州相比似稍有逊色。

扬州虽非都城，但自隋、唐起就十分繁华。隋炀帝曾多次来到这里并建造了许多离宫别馆。至宋、元，因运河阻塞，漕运改道，加之地处战争前沿，曾一度冷落。至明中叶，由于疏浚了运河，遂使**扬州**再次成为南北交通枢纽，加之资本主义经济萌芽，复呈一片繁荣景象。清时，乾隆六次南巡都来过这里，当时的手工业、商业、交通运输，特别是盐业都异常繁荣兴旺。这些因素极大地促进了造园活动的发展。当时，不仅名园遍布城内，而且沿瘦西湖两岸直到平山堂一带也都为官僚、富商的园林所占据，致有："杭州以湖山胜，苏州以市肆胜，**扬州以园亭胜**"之说。就当时的情况看扬州的造园活动要比苏州、杭州更加兴盛。只是到了后来，由于盐业渐次衰落，苏州才后来居上，成为江南园林荟萃的首善之城。

苏州远在春秋时就是吴国的首都，隋开运河后则变为重要商埠，五代时属吴越领地，宋时为平江府治。自唐末至宋中原一带累遭战祸，经济受到极大破坏，惟地属吴越的苏州却幸免战争影响，无论在经济、文化上仍可保持小康局面。至明、清，随着资本主义经济萌芽，农业、手工业得到长足发展，成为江南头等富庶繁华的地方，所谓"上有天堂，下有苏杭"正说明苏州当时的盛况。由于经济繁荣，便促进了文化的发展。明，清时苏州的文风极盛，据说清代苏州考中状元的人数为全国之冠。这些人一旦官场失意或告老归乡，便大肆购买土地以修宅筑园，从而使苏州成为官僚地主高度集中的地方。苏州造园之风极盛，应当说和这种情况有不可分割的联系。

另一方面的原因便是得天独厚的自然地理条件。苏州地处江南水乡，河道纵横，湖泊罗布，即使是城内依然是水网交错，这就为庭园引水提供了十分方便的条件，加之土地肥沃、气候温暖、雨量充沛，所以非常适合于花木的滋长。此外，苏州附近的洞庭东西二山又盛产湖石，稍远的常州、宜兴、昆山等地则可提供黄石及其它各色石料，并可利用水道方便地运往苏州，这些都为园林叠山创造了方便条件。

正是由于这些因素，远在春秋、东晋时苏州就有了造园活动的记述。经隋、唐、五代至宋，造园活动经久不衰。宋时苏州为平江府治，宋徽宗曾在此设奉应局，专肆搜罗名花怪石并北运汴京供建造艮狱及其它皇家苑囿用。当时苏州的造园风气已很兴盛，现在所保存下来的沧浪亭就是宋时在吴越钱氏旧园的基础上建造的。元时，造园活动总的说来虽处于低潮，但江浙一带依然是富庶之乡，苏州的造园活动似未受很大影响。当时所建的狮子林便是很好的佐证。明、清两代苏州造园活动更盛，现存的名园如拙政园、留园即系明时所建。其它大小园林绝大多数均系明、清两代所建，其数量之多简直难以胜数。

北方的园林主要集中在北京。北京曾是战国时燕的都城，唐以前称蓟州，辽代曾以此为陪都，金时建为都城。元废金之旧城将都城北移，并引玉泉山之水注入漕渠，从而使由大运河运来的物资可自通州直达城内的海子（今积水潭）。明时利用元大都旧城又加以改建，清仍袭明之旧制未作很大变动。

金与南宋相对峙，据北方以北京（中都）为都城，其统治阶级暴戾奢侈，为贪图享乐也大量地兴建苑囿。元之太液池即系在金之大宁宫基础上改建的，并成为宫中禁苑。明时又扩建太液池为西苑，从而成为城内最大的苑园。此外，由于是都城，达官贵戚云集，而积水潭、海子一带及城东南泡子河周围，既可引水注园，又有自然风景可借，因此也建造了许多私家园林。不过总的讲来北京城内由于水源短缺，有不少宅园均无水可引，只好成为"旱园"。

与城内相比，西北郊一带其自然环境更加有利于建造园林。这里既有西山为屏障，又有充足的水源可资开发利用，加之自然风景十分优美，所以自金、元至明、清，建造别墅、苑、园的活动一直连绵不断。特别是到了清代，自康熙开始先后建有畅春园、静明园与香山行宫，雍正时又建了圆明园，到乾隆造园活动达全盛时期，在这里建造的大小苑囿不下十处。除皇家苑囿外，还麇集了许多贵族官僚的私园。

除北京外，康熙、乾隆还在承德建造了离宫。这实际上是一所大型皇家苑囿，又称避暑山庄。之所以选定承德，除为推行怀柔政策以笼络少数民族的政治考虑外，主要则是因为这里不仅气候凉爽，而且特别是因为具有优美的自然环境可开发利用。正如康熙在《御制避暑山庄记》中所说的："开自然峰岚之势，依松为斋，则窍崖润色，引水在亭，则榛烟出谷，皆非人力之所能"。

以广州为中心的珠江三角洲也是造园活动比较集中的地方。这一带地属岭南，不仅气候温暖湿润，特别适合于花木的生长，同时也有悠久的造园传统。据历史记载远在五代时南汉的刘龑就曾建造南苑药洲，至今还留下的"九曜石"中的五块，就是这个园中的遗物，其中有的还刻有米芾的题词。由于广州地处东南沿海，自明、清以来一直是对外通商港埠，受外来的影响较大。这反映在造园风格上，便带有明显的地区特点。

寺庙园林相对集中在佛、道两教比较流行的地区。"天下名山僧占多"。大多数佛寺均建在自然环境优美的山林地带，因而寺庙园林亦多与自然风景区融为一体，与皇家苑囿或私家园林相比，显然要分散得多。

从上述情况看：北宋以前的园林主要集中在长安（市郊附近地区）、洛阳、开封一带；南宋以后的园林则分别集中在以下三个地区：北方的北京及承德；长江下游的南京、扬州、苏州、吴兴、杭州一带；珠江三角洲一带。由于三者各具不同风格，所以又常称：北方园林、江南园林、岭南园林。明以前园林已荡然无存，仅可从有限的文字记述中领略其概貌。现有的园林实物多属清末遗物，虽历经沧桑，但仍不失其旧貌，是我们学习借鉴传统造园手法唯一珍贵的材料。

两种哲理、两条路子

[图3]

中国古典园林，不仅具有悠久的历史和光辉灿烂的艺术成就，而且尤其因为具有独树一帜的风格，而极大地丰富了人类文化的宝库。

如果说世界各民族都有自己的造园活动，并且由于各自文化传统的不同又各具不同艺术风格的话。那么，概括地讲有两种园林风格最典型也最引人注目。这两种园林风格是：在西方，以法国古典主义园林为代表的几何形园林；在东方，以中国古典园林为代表的再现自然山水式园林。前者的特点是：整齐一律，均衡对称，具有明确的轴线引导，讲求几何图案的组织，甚至连花草树木都修剪得方方整整。总之，一切都纳入到严格的几何制约关系中去；一切都表现为一种人工的创造。一句话，就是强调人工美。后者的特点是：本于自然，高于自然，把人工美与自然美巧妙地相结合，从而做到"虽由人作，宛自天开"。上述两种造园风格的主要差异表现为：一个着眼于几何美，另一个着眼于自然美。除了这两种园林外，还有希腊、罗马、文艺复兴园林，英国自然风景园，伊斯兰园林，日本园林等。这些园林都自成体系，各有特点，但就其对自然美和人工美的态度来讲，非侧重于前者，即侧重于后者。

中国园林具有独特的风格，作为中国人引为自豪这本来是很自然的事情。然而这种情况却常使某些人在突出我国传统造园艺术的特点时，便不自觉地贬低了西方园林的成就。其实，这两种园林艺术都是各有千秋的。它们之间仅是风格不同，各自所抒发的情趣不同、各自所走的路子不同而已。这两者之间是很难分出孰高孰低的。不过为了廓清中国古典园林的风格特征，却有必要把它们放在一起作对比、分析，从而进一步搞清这两种园林风格各自是在什么样的历史背景和地理环境下逐渐形成的。

东、西方园林为什么一开始就会循着不同的方向、路线发展呢？这当然和各自的文化传统有着不可分割的联系。和其它艺术一样，造园艺术也毫无例外地要受到美学思想的影响。而美学又是在一定哲学体系的支配下滋生成长的，为此，许多哲学家都把美学看成是哲学的一个分支，或称之为艺术的哲学。从西方哲学的发展历史看，尽管一直贯穿着唯物和唯心两大学派尖锐复杂的斗争，但不论哪一派占上风，都十分强调理性对于实践的认识作用。唯物主义者是这样，唯心主义者也是这样。在这种社会意识的支配下，自然会把美学建立在"唯理"的基础上。例如德国唯心主义哲学家黑格尔就曾给美下过这样的定义："美就是理念的感性显现"。另一位哲学家普洛丁（Plotinus）则认为艺术美不在物质而在艺术家心灵所赋予的理式。十五世纪在欧洲兴起的文艺复兴运动，为反对宗教神权而求得精神解放，唯物主义思想占据了上风，并且响亮地提出了"人文主义"的口号，所谓"人文主义"也即是"人本主义"，实际上就是把人看成是宇宙万物的主体。当时的领袖人物米开朗琪罗曾提出："艺术的真正对象就是人体"的主张。那时许多艺术家如达·芬奇、米开朗琪罗、杜勒等都醉心于人体比例的研究，力图从中找出最美的线型和最美的比例，并且企图用数学公式表现出来。例如杜勒，在谈到美时曾说："美究竟是什么我不知道"，"我不知道美的最后尺度是什么"，但却认为："如果通过数学方式，我们可以把原已存在的美找出来，从而更加接近完美这个目的"。

这种搜寻"最美的线形"和"最美的比例"的思想一直可以追溯到古代的希腊。例如公元前六世纪的毕达格拉斯学派，就曾试图从数量的关系上来找美的因素，著名的"黄金分割"最早就是由这个学派提出来

西班牙伊斯兰风格庭园

凡尔赛宫庭园　以几何美为特点的法国古典园林

的。这种美学思潮一直顽强地统治着欧洲达几千年之久。例如强调整一、秩序，强调整齐　律和平衡对称，推崇圆、正方形等几何图形……等，都

不外是这种美学思想的一种继续和发展。这种美学思想就是企图用一种程式化和规范化的模式来确立美的标准和尺度。它不仅左右着建筑、雕刻、绘画、音乐、戏剧，同时还深深地影响到园林。欧洲几何形园林风格正是在这种"唯理"美学思想的影响下而逐渐形成的。

和欧洲的情况大为不同，中国古典园林则是滋生在东方文化的肥田沃土之中，并且深受绘画、诗词和文学等其它艺术的影响。中国古代并无专门的造园家，许多园林都是在文人、画家的直接参与下经营的。这就使中国园林从一开始便带有诗情画意般的浓厚的感情色彩。这之中，犹以绘画对于园林的影响最为直接、深刻。从某种意义上讲，产生园林的先导是绘画。中国园林一直是循着绘画的脉络发展起来的。

中国古代虽无造园理论专著，但绘画理论著作则十分浩瀚。特别是山水画，自魏晋南北朝时便形成为独立的画种，至盛唐，则已确立了自己的基本理论。画论所讲的虽然是绘画的心得体会，但由于触类旁通，也可视为造园活动的指导原则。山水画所遵循的最基本的原则莫过于"外师

印度泰姬一
玛哈尔陵及庭园

造化，内发心源"，所谓外师造化即以自然山水作为创作的楷模，而内发心源则是指并非刻板地抄袭自然山水，而是要经过艺术家的主观感受以萃取其精华。这种感受虽然出自心灵，但并非以"理性"为基础，而完全是作者感情的倾注。这种美学思想的出发点和西方则是大相径庭的。这种不同不仅是体材上的差异，而且也表现在对美的基本看法和态度上的根本不同。像西方那种"几何审美观"在中国古代绘画和园林中几乎是全然不见的，与之恰成对比的则是倾心于自然美的追求。

此外，中国古代园林既然由文人、画家所代庖，自不免要反映这些人的趣味、气质和情操。这些人，作为士大夫阶层，无疑会受到当时社会哲学思想和伦理、道德观念的影响。中国古代的哲学思想不外出于三家：即儒、道、佛。儒家的思想比较重现实，它不单为历史上统治阶级所看重并借以安邦治国平天下，而且也为一般庶民奉为伦理道德的准则和规范。

士大夫阶层对此则表现得更为虔诚。而儒家思想的一个重要特点则是重人伦而轻功利，这就是说也是以情和义为基础的。以老庄为代表的道家思想，虽然立论不同，但与儒家学说并无尖锐冲突。此外，它在崇尚自然、追求虚静、逃避现实和向往一种原始自然状态的生活方面，似带有更浓厚的浪漫色彩。佛教虽然从印度传入中国，但一经与中国固有的文化融合后，便带有浓厚的民族色彩。再说，它所宣扬的"因果报应"、"三世轮回"等教义和追求"清静无为"、"息心去欲"等境界，则和老庄思想如出一辙。

受中国影响的英国风景式园林

再现自然美的日本园林

凡此种种,汇合在一起便塑造出一种文人所特有的恬静淡雅的趣味,浪漫飘逸的风度和朴质无华的气质和情操。那时,在士大夫的圈子内,多不以高官厚禄或荣华富贵为荣。相反,却有一些文人雅士避凡尘、脱世俗、遨游名山大川以寄情于山水。更有甚者,还有个别人藏身于山林过着隐士生活。这些,或许正是造就中国园林独特风格的生活基础和思想基础。

就风格而言,东西方园林虽无高低上下之分,但对于自然美的欣赏,西方却远远地晚于东方。西方哲学家虽然从理论上也确认自然美的存在,但在涉及艺术创作时,其兴趣主要还是放在"几何美"上。在西方,绘画的题材主要来自神话和宗教故事,自然风景只不过是作为人物的配景才偶尔出现于画面。直至十五世纪,以抒发自然美为主题的风景画,才正式登上了绘画的舞台。嗣后,又经历了两、三个世纪,大约在十八世纪下半叶,随着英国到东方进行殖民活动,西方才以惊奇的眼光发现:原来还有一种与自己截然不同的东方文化的存在。据说当时出现的浪漫主义思潮的特点之一就是向往"东方情调"。也正是在这个时候,英国发生了一次"庭园革命"——一反古典几何形式庭园传统,竟搞起了带有东方特点的自然风景园。

从那时到现在,东、西方文化交流日益频繁,相互之间的影响愈来愈深刻,从而使各自都偏离了原先所走的路子。时至今日,纯粹古典形式的园林便不复存在了。

园林建筑的特征

[图4]

在前一节中曾以中国园林与西方园林作比较,目的是为了廓清中国古典园林的一般特征。这里拟把我国古典园林与其它类型建筑作对比,以期进一步阐明园林建筑的特点。

黑格尔在阐述西方古典园林时说:"……最彻底地运用建筑原则于园林艺术的是法国的园子,它们照例接近高大的宫殿,树木是栽成有规律的行列,形成林荫大道,修剪得很整齐,围墙也是用修剪整齐的篱笆造

成的。这样就把大自然改造成为一座露天的广厦"。从黑格尔的这一段描绘中可以看出:西方古典园林无论在情趣上或是构图上和其它各类建筑所遵循的都是同一个原则。园林设计只不过是把建筑设计那一套原则、手法从室内搬到室外,两者除组合要素不同外,并没有很大差别。

和西方不同,在中国,园林建筑和其它各类建筑则是区别对待的。园林建筑所遵循的基本原则是:本于自然,高于自然,力图把人工美与自然美相结合。它所抒发的情趣可以用"诗情画意"来概括。但这些原则、特征却并不见于其它类型的建筑。

中国传统的审美趣味虽然不像西方那样一味地追求几何美,但在对待城市和处理宫殿、寺院等建筑的布局方面,却也十分喜爱用轴线引导和左右对称的方法而求得整体的统一性。例如明清北京故宫,它的主体部分不仅采取严格对称的方法来排列建筑,而且中轴线异常强烈。这种轴线除贯穿于紫禁城内,还一直延伸到城市的南北两端,总长约为7.8公里,气势之宏伟实为古今所罕见。此外,再就城市而言,不论是唐代的长安或是明清的北京,均按棋盘的形式划分坊里,横平竖直,秩序井然。除城市、宫殿外,一般的寺院建筑、陵墓建筑出于功能特点,为求得庄严、肃穆也多以轴线对称的形式来组织建筑群。即使是住宅建筑,虽然和人的生活最为接近,但出于封建宗法观念的考虑,也多以轴线对称和一正两厢的形式而形成方方正正的四合院。凡此种种,都和园林建筑保持着明显的差别。

从上述的分析中可以看出:如果说西方园林和它的建筑在情趣上和构图原则上都保持一致的话:那么中国园林和其它类型的建筑无论从情趣上或构图原则上,所呈现的则是一种强烈对比的关系。例如故宫与其一侧的西苑就是属于这种情况。江南一带的私家园林,其住宅部分与宅园的关系也是这样。这就是说不是以协调一致以求得整体的统一,而是以相反相成,也就是通过对比的方法以求得整体的统一性。

与其它类型建筑相比,园林建筑究竟有哪些特点呢?主要有三个方面:

一、所抒发的情趣不同 其它类型的建筑如宫殿、寺院、陵墓、民居等,出于不同的要求或宏伟博人,或庄严肃穆,或亲切宁静,但一般都

不追求如诗似画一般的意境。园林建筑则不然，从一开始就与诗画结下不解之缘，并在诗人、画家的苦心经营下达到了极高的艺术境界。所谓寓情与景，情景交融，触景生情，诗情画意等对园林意境的描绘，都说明园林建筑确实不同于一般建筑，如同凝聚了的诗和画，具有极其强烈的艺术感染力。

二、构图的原则不同　其它类型的建筑，一般多以轴线为引导而取左右对称的布局形式。从而形成一进又一进的空间院落。这样的构图形式虽然具有明确的统一性，但毕竟流于程式化，其结果必然是大同小异，缺乏应有的生气和活力。园林建筑则不然，它所强调的是有法而无定式，即不为任何清规戒律所羁绊，而最忌坠入窠臼与故辙。在这种思想的指导下，一般建筑构图所特有的那种明晰性和条理性在园林建筑中却很少体现。而回环曲折、参差错落，忽而洞开，忽而幽闭的手法则常可赋予园林建筑以无限的变化。再进一步讲，为了达到诗的境界，自不免要有一些飘然于物外的东西。为此，似有而无、似无而有，真真假假，虚虚实实等等难以名状的处理手法总是在所难免的。在这里，如果套用一般建筑的构图原则或手法，则是断无成效的。上述特点如果借用现代的术语，便是所谓的"含混性"、"不定性"和"矛盾性"。

三、对待自然环境的态度不同　除了部分寺院建筑或民居建筑，由于地处山林，不顾形制的约束而采取自由布局外，一般的宫殿建筑、寺院建筑、乃至民居建筑，由于受程式化的影响，多采用内向的布局形式。这种布局虽可形成许多空间院落，但由于建筑物均背向外而面朝内，加之又以高墙相围，因而对外围的环境基本上采取不予理会的态度。这样的内院有时虽然也种有花草树木，但仅起调剂与点缀作用，不能改变以建筑围成的人工空间的本来面貌。园林建筑则不然，为求得自然美，对于环境的选择极为重视，《园冶》一书以极大的篇幅论述"相地"便是很好的佐证。

即使是处于市井之中的宅园，建筑虽然占有很大的比重，并经常用作围隔空间的主要手段，但毕竟只是形成园林景观的要素之一。除建筑外，山石、水池、花木等自然物对于形成景观所起的作用，有时甚至大大地超过建筑。再者，对于一般的建筑类型来讲，建筑通常扮演构图的主

采用轴线对称布局的明、故宫建筑群

要角色，而其它要素仅起烘托陪衬作用。但对于园林建筑来讲，则必须使建筑与山石、水池、花木巧妙地相结合。只有这样，才能把建筑美与自然美浑然地融成一体，从而达到"虽由人作，宛自天开"的境地。

对于意境的追求

意境一说最早可以追溯到佛经。佛家认为："能知是智，所知是境，智来冥境，得玄即真"。这就是说凭着人的智能，可以悟出佛家最高的境界。所谓境界，和后来所说的意境其实是一个意思。按字面来理解，意即意

象，属于主观的范畴；境即景物，属于客观的范畴。但王国维在《人间词话》中却认为："境非独景物也，喜怒哀乐亦人心中之一境界，故能写真景物、真感情者、谓之有境界，否则谓之无境界"。由此看来意境这两个字似乎还不能割裂开来理解。"境界"一词虽不始于王国维，但自王国维给以详细解释后，便更加明确地成为衡量文学作品，特别是诗词高下的标准。其实广义地讲，一切艺术作品，也包括园林艺术在内，都应当以有无意境或意境的深邃程度而确定其格调的高低。

对于意境的追求，在中国古典园林中由来已久。由于中国的传统是文人造园，因而中国园林可以说是与山水画和田园诗相生相长，并同步发展的，而这两者从它一开始的时候就十分重视神思和韵味。唐代大诗人李白就曾多次提到南朝诗人谢灵运的诗句"池塘生青草，园柳变鸣禽"。对于南朝另一位诗人谢朓，李白也十分倾倒，并说："解道'澄江净如练'，令人长忆谢玄晖（即谢朓）"。可见早在魏晋、南北朝时出现的山水诗就已经蕴含着令人神往的境界。绘画的情况也是这样，例如东晋著名画家顾恺之就曾漫游过名山大川，对于大自然有深刻的感受，所以在他所作的山水画中也饱含着"千岩竞秀，万壑争流；草木蒙笼，若云兴霞蔚"这样诗一般的意境。

对待诗、画的态度是这样，对待造园的态度也是这样，可以说从一开始就是按照诗和画的创作原则行事，并刻意追求诗情画意一般的艺术境界。

中国画的最大特点就是写意，写意与写实的区别究竟在哪里？简单地讲，写实就是还自然的原貌，而不着重渗入人的主观感受。写意则不然，它虽然也要顾及到自然的原来面貌，但却注入了人的主观感受。两相比较，它虽不酷似自然的原貌，但却能传自然之神，所以具有更强的艺术感染力。在古代，诗人、画家遍游了名山大川之后，要想把它移植到有限的庭园空间，原封不动地照搬是根本不可能的，唯一的办法，就是象绘画那样，把对于自然的感受用写意的方法再现于园内。《园冶》所说"多方胜境，咫尺山林"，实际上就是真实自然山水的缩影，作为艺术的摹写，理应具有绘画一般的意境，如同《园冶》掇山篇中所描绘的："峭壁山者，靠壁理也。藉以粉墙为纸，以石为绘也。理者相石皴纹，仿古

人笔意，植黄山松柏、古梅、美竹，收之圆窗，宛然镜游也"。

在《园冶》中，像这种刻意追求"画意"的做法曾多次提及，如计成在自序中曾说"……合乔木参差山腰，盘根嵌石，宛若画意"即是一例。此外，当别人看到他所造的园时也赞不绝口，"以为荆（浩）关（同）之绘也"。

清钱泳曾指出："造园如作诗文，必使曲折有法、前后呼应……"，这里所讲的似乎主要是模仿诗文的格式，其实中国古典园林更加注重的还是追求诗的意境美。许多园林景观都有自己的主题，而这些主题往往又是富有诗的意境的。例如承德避暑山庄，其中包括康熙三十六景和乾隆三十六景，这些"景"就是按照各自主题和意境的不同而命名的，康熙、乾隆还分别题有诗文。例如"万壑松风"建筑群，即因近有古松，远有岩壑，风入松林而发出哗哗的涛声以得名的。鉴于这种意境，康熙曾赋诗云："云卷千松色，泉如万籁吟"。倘无诗的意境，恐怕就很难触发康熙的诗兴了。

园林景观的意境，还经常借匾联的题词来破题，这种形式犹如绘画中的题跋，很有助于启发人的联想以加强其感染力。例如网师园中的待月亭。其横匾曰"月到风来"，而对联则取唐代著名文学家韩愈的诗句"晚年秋将至，长月送风来"，在这里秋夜赏月，对景品味匾联，确实可以感到一种盎然的诗意。再如拙政园西部的扇面亭，仅一几两椅，但却借宋代大诗人苏轼"与谁同坐？明月、清风、我"的佳句以抒发出一种高雅的情操与意趣。

在古典园林中象这样的例子比比皆是，有些匾联诗文虽不免有牵强附会之弊，但大多数还是比较真切地反映了园林景观的真实意境，这就是所谓的"景无情不发，情无景不生"，或者说是"孤不自成，两不相背"。由此看来，中国古典园林确非徒有自然山水的形式美，而且还升华到了诗情画意的意境美。

自古以来就有诗画同源的说法，宋代著名文学家苏轼在评王维（字摩诘）时曾说："味摩诘之诗，诗中有画；观摩诘之画，画中有诗"。所以诗情与画意总是紧密联系和不可分割的。但是从传递信息的途径来看这两者还是有所不同的"画意"主要是借视觉来影响人的感官的，所以苏

轼在说到画时用了一个"观"字。"诗情"不像画那样直观，因而不能单靠视觉这一种途径来传递信息，为此，在讲到诗时就把"观"改为"味"。味，就是玩味的意思。佛家认为人有眼、耳、鼻、舌、身五根，所以能够认识色、声、香、味、触五境，但除五境外还有一个"法境"。这一境靠什么去认识呢？要靠"悟"，就是领会或想象。在古典园林中对于"诗情"——也就是诗的意境美的感受，也是不能单靠视觉这一条途径来传递信息的，而必须借听觉、味觉以及联想等多种途径来影响感官才能发挥传递信息的作用的。中国古典园林正是通过整体环境的创造，并综合运用一切可以影响人的感官的因素以获得诗的意境美的。例如承德离宫中的万壑松风建筑群，拙政园中的留听阁（取意留得残荷听雨声）、听雨轩（取意雨打芭蕉）等，其意境之所寄都与听觉有密切的联系。另外一些景观如留园中的闻木樨香、拙政园中的雪香云蔚等则是通过味觉来影响人的感官的。

此外，春夏秋冬等时令变化，雨雪雾晴等气候变化也都会影响到人的感受。例如离宫中的南山积雪亭就是以观赏雪景最佳，而烟雨楼的妙处则在清烟沸煮，山雨迷 之中来欣赏烟波浩渺的山庄景色。

这种借助于听觉、味觉以及利用时令、气候的变化而赋予诗的意境美的见解在《园冶》一书中也屡见不鲜。诸如"萧寺可以卜邻，梵音到耳"；"紫气青霞，鹤声送来枕上"等即系通过听觉而激发情趣的。再如"纳千顷之汪洋，收四时之烂熳"；"暖阁偎红，雪煮炉铛涛沸"；"日竟花朝，宵分月夕"等，则把情趣寄托在时令或时间的变化上。

从以上的分析中可以看出。这种综合运用各种手段以谋求诗的意境美的做法，是我国古典园林艺术早已有之的传统，但是只是在最近几年才引起国外某些建筑师的注意。例如日本建筑师芦原义信在《外部空间设计》一书中认为："空间基本上是由一个物体和感觉它的人 之 间·产 生的相互关系中发生的。这一相互关系主要是根据视觉确定的，但作为建筑空间考虑时，则与嗅觉、听觉、触觉也都有关。即使同一空间，因风、雨、日照情况，也是有印象大为不同的时候"。然而，尽管已经提出了这样的问题，却依然没有明确地认识到综合运用这些因素则可以赋予物质空间以诗情画意，从而把人们凭感官可以感觉到的物质空间升华成为可

以对人的情感起作用的意境空间，可是我国传统的造园实践却早已做到了这一点。

两类活动、两种要求

[图5]

在没有历史记载的上古时代，人类究竟怎样地生活？这只能诉诸于想象。马克·吐温笔下的《夏娃日记》便是一篇充满浪漫色彩和极富想象力的杰作。对于夏娃来讲，大地山川、日月星辰、虫鱼鸟兽、甚至连其貌不扬的恐龙，都是一种诱惑、一种奇观、一种神秘、一种快乐，从而使她深深地陶醉在上帝为之所创造的伊甸乐园之中。

人类本是自然的一部分，和其它有生命的有机体一样，都是在大自然的环境中经过极其漫长的演进过程才渐次地分化出来，所以原始的自然环境就是抚育人类的摇篮，处于襁褓之中的人类，犹如马克·吐温笔下的夏娃，原始状态的自然环境就是他的伊甸园。从上古到今天，人类不仅从自然中分化了出来，并且还具有了高度的物质、精神文明，但人类却永远也不能脱离自然环境而生存。自然，对于人类永远充满了魅人的魔力！

然而，人类要图存、要延续，也要保护自己。"上古之世，人民少而禽兽众，人民不胜禽兽虫蛇，有圣人作，构木为架，以避群害"（《韩非子·五蠹》），不论是利用天然岩穴抑或构木为巢，总之在人类发展到一定阶段上，为了防风雨、御寒暑、避禽兽虫蛇的侵袭，就开始了建筑活动。这种建筑的基本目的不外是从自然中人为出一种"小"的环境以利于栖息。然而要生存就要寻觅食物，不论是狩猎、畜牧或稼穑，都必须置身于自然，所以自古以来人类的活动就可以分为两类：一类要在人为的环境中进行；另一类则必须在自然环境中进行。这种状态不仅延续到今天，而且还要永世无穷地延续下去。

不仅人类的整个活动是这样，即使单就生活本身来讲，人类也不会满足于蜷缩在咫尺的户内，同时也要求有良好的外部环境。所以每每在

住房的周围修造起竹篱、墙垣，并在其内或种植花木，或饲养畜禽。这样，就形成了原始形态的园林。据童寯先生援引《说文解字》以说明"圃"字的由来，正合于以上的分析。近来陈植先生又在《"造园"词义的阐述》中对"庭"字作了引证："庭、堂阶前也"，就是指供人活动的房前场地。长期以来，由于"庭"和"园"与人的生活关系密切相关，所以就和"家"结了不解之缘，遂使"家庭"、"家园"等词汇一直袭用至今。

有宅必有园可以说是我们的传统。这不仅可以从大量历史文献记载中，同时也可以从许多出土文物中得到证明。例如从四川成都出土的汉画象砖所表现的住宅看来，除建筑外还以墙垣围隔成许多空间院落，并在其中喂养家禽。这表明至少在汉以前，人们就把住宅和庭园视为不可分割的整体。这种传统一直延续了几千年，从而形成一种典型的住宅类型——四合院。这种住宅模式的最大特点便是以空间院落为中心，而使住宅建筑环绕着四周布置，从而形成一种内向的、封闭式的庭园。

在国外，虽然不把四合院的形式当作住宅的模式来看待，但也十分重视住宅周围的环境处理，他们所响往的花园别墅，虽然从形式上正好和我们的四合院相反——以住宅建筑为中心而以庭园包围建筑。但就有宅必有园和宅、园相结合的原则来讲，却没有本质的不同。

在古代，由于地广人稀，几乎每家都有庭或院。到了近来，随着人口剧增和社会化程度不断提高，家家必有园的情况虽然有很大改变，但是为适应两类活动——户内与户外——的需要，还必须有足够的公共绿化

以建筑为中心的西方近现代别墅建筑

以庭院为中心的北京四合院民居建筑

13

设施。由此可见：尽管园林的形式不断变化，但造园活动是永远不会终结的。

从庭到苑囿

〔图6—11〕

虽说是为了分别适应户内和户外生活的要求,凡住宅都应有"园",但由于各种条件的限制,一般的住宅虽然也以建筑或墙垣围成一定的外部空间,并可供户外生活起居之用,但却并不具备真正意义的"园"的条件。

对于住宅建筑来讲,最小的户外活动空间即为庭。陈植先生在《"造园"词义的阐述》中曾引用《玉海》:"堂下至门,谓之庭";《玉篇》:"庭,堂阶前也"。可见在古人心目中庭所指的就是住宅正厅前的一小块场地。从我国南方广大地区、特别是苏州、皖南、福建以及云南等地的民居中可以看出一种典型的住宅建筑类型:即沿一条轴线向纵深排列建筑,取一正两厢的布局形式,这样,每有一所厅堂,在堂前便形成一个极小的内庭。每一堂一庭称"一进",极小的住宅仅一进或两进,随着规模的增大可以达三进、四进,乃至七、八进。更大的住宅还可以沿两条或三条互相并列的轴线排列建筑,这样将可以形成许多个内庭。这样的内庭一般均呈方形或矩形平面,由于面积很小而四周均为建筑所包围,所以显得十分封闭,处于其中犹如坐井观天,所以人们通常称之为"天井"。这样的天井虽然可以借它来满足住宅的通风、采光要求,但毕竟由于常年见不到阳光,加之面积过小,所以不能满足种植的要求。"不独春花堪醉客,庭除常见花好开",培花或勉强有之,植树则比较困难,至于人为地造景则更不可能。从这种意义上讲庭还算不得园。

庭和院常联用,称"庭院"。所以很难在它们之间划分出明确的界线。但是在一般人的心目中总有这样的概念上的差别:即院比庭大。最典型的例子莫过于四合院住宅,这通常是指普遍流行于北方的一种民居形式,与前述的南方民居相比,虽布局形式无明显差别,但前者所围合的"院"却明显地大于后者所围合的"庭"。至于这种差别究竟是什么原因造成的——是气候条件、是生活习惯、抑或是传统——倒难以说定,但不论什么原因,只要是院比庭大,就不仅能满足住宅的通风、采光要求,而且还因为具有较好的日照条件,从而可以栽培花木以点缀环境,这样便可以创造出比庭更为优越的户外生活条件。可是尽管如此,一般的院还是不具备景观方面的意义,所以它还是有别于园的。

那么,究竟具备什么样的条件才能称之为园呢?从规模上讲,园一般要比院大,但仅仅从规模的大小来区分园与庭或院,显然是不得要领的。且不说某些小园如苏州的残粒园甚至比某些大型民居的院子还小,而且园本身的规模其变化幅度之大有时竟难以使人置信,可见规模并不是确定园的最本质的因素。那么园与院或庭的最根本的差别究竟在哪里呢?就在于前者以人工的方法或种植花木、或堆山叠石、或引水开池、或综合运用以上各种手段以组景造景,从而具有观赏方面的意义,简言之就是赋予景观价值。而庭或院间或也点缀一点花木、山石,但究竟还不足以构成独立的景观。由此看来,凡园都必须有景可观,而没有景观意义的空间院落,即便规模再大,也不能当作园来对待。

在明确了园的本质特征后,就不会在繁杂的词义面前晕头转向。的确,历史上曾经用来表述园的词汇之多是相当惊人的,即使撇开庭院和苑、囿不谈,单就园来讲就有园、园林、园庭、园亭、园囿、园池、林泉、山池、别业、山庄、草堂……等十余种。这些不同的名称虽然可以反映出造园手段上的某些差异,例如有的以花木构成主要景观;有的以山景为主;有的以水景为主,但在多数情况下都不外综合运用建筑、花木、水、山石等四大要素来组景造景,所以用一个"园"字便可概括其余。

既然园的本质特征在于景观价值的有无,而规模之大小和结构的简单或复杂程度都不能作为界定园的标准和尺度,那么从最小的园到最大的园之间其差别则是极为悬殊的。例如最小的园如苏州的残粒园和铁瓶巷某宅园,仅占住宅的一隅,不仅面积很小,而且空间的组成也十分单一,这样的园完全融合在住宅之中而成为住宅的一部分,当然也没有什么独立性可言。但是尽管很小,却亭台、山石、水池、花木一应俱全,所以仍不失为园。稍大一点的园如畅园、鹤园,不仅面积要大一些,而且景观组织也比较丰富，这样的园虽然不能完全独立于住宅，但从比重上讲几与住宅等量齐观。某些园，如苏州景德路毕宅的园甚至比住宅的面积还大出很多，但是这一类园从空间组成上讲，仍不外属单一空间的形式，所以还是属于小型宅园的范畴。另一类园如苏州的怡园、网师园等，不仅面积大，具有相对的独立性，而且景观与空间的组成也复杂多样，这和前一类园仅限于在单一空间内组景是大不相同的，这样的园已超出了小园的范畴，可算作中型宅园。还有一类园如留园、拙政、不仅规模十分宏大，而且完全可以独立于住宅之外并自成体系，特别是由于空间组成异常复杂，园内还可以划分成若干相对独立的景区，每个景区犹如一个小园，从而形成为园中园的格局，这样的园则属于大型宅园。从以上所举的几个例子中可以看出，同属于私家宅园，其规模和组成之间的差别竟然如此悬殊。

皇家园林一般称苑囿，这可能是沿袭周之灵囿和秦之上林苑而一直流传到最后一个封建王朝——清。按《说文》解释："苑，所以养禽兽也"。囿与苑的意思差不多，有的认为有墙曰苑；也有的认为小曰囿，大曰苑，后来索兴把两字联用称苑囿，并作为皇家园林的泛称。

与私家园林相比，皇家园林其规模就更大了。《孟子》："文王之'囿'，方七十里"；《汉书·梁孝王传》："梁孝王筑东苑，方三百余里"，从这些历史文献中可以看出古代的皇家苑囿其规模之大，确实令人惊讶！清代所建的苑囿如西苑三海、颐和园、圆明园和避暑山庄等，虽不能和秦、汉的苑囿相比，但其规模也是十分可观的。其中最大者为承德的避暑山庄，总占地面积约为564公顷，这与私家园林相比不知要大多少倍！

在这么大的范围内造园，无论从视觉、空间、尺度等哪一方面讲都迥然不同于私家园林。如果说私家园林主要是凭借人工方法来分隔空间、组景造景的话，那么对于皇家苑囿来说单纯利用人工方法虽然也可以局部地形成一些空间环境，但就整体而言，则非利用自然地形的起伏与变化便不足以形成气氛。为此，大型皇家苑囿一般均选择在自然风景优美的山林湖沼地带，例如避暑山庄和颐和园就是属于这种情况。某些苑囿虽然没有自然地形可资利用，但也必须大规模地开湖堆山而人为地改变地形。例如圆明园即系在平地上建园，但经过人工改造之后，不仅形成

了很大的湖面，同时整个地形也具有明显的起伏变化。

皇家苑囿的另一个特点是采用集锦式的布局方法。在极其广阔的范围内虽不能靠人工建筑来形成气氛，但却可以借它起画龙点睛的作用。为此，在一个园内常可通过人工建筑而形成若干个风景点，这些风景点可以是一个单幢的建筑（如亭、台、榭等）；可以是一个建筑群；也可以是一个小园。以整体的自然环境为背景，再点缀上若干个风景点，这样，既有衬托，又有重点，便可以形成一幅幅优美动人的画面。

特大型皇家苑囿如避暑山庄，还可因地形变化而形成若干个各具特色的景区，例如入口部分以建筑为主的宫廷区；东南部湖沼区；东部平原区及西部山区等。每一个景区都因地形的特点而分别形成许多景观片断，这样，就整体而言就显得变化无穷了。大型皇家苑囿正是以这种方法来丰富自己而避免单调的，不仅避暑山庄是这样，颐和园和北海也是这样。即使是在平地上建造的圆明园，虽然不像避暑山庄那样按自然地形分区明确，各景区特点鲜明，但其入口部分、福海部分以及西北和北部景区，无论从地形、建筑布局、环境气氛方面看也都是互不相同并各具特色的。

某些自然风景区和皇家苑囿多少有些相似，即以自然风景为主而以人工建筑组成若干风景点。这样的风景区有的不仅规模大，甚至还没有明确的范围，因不属于本书讨论的范围，这里就不拟详述了。

内向与外向

［图12—14］

内向与外向作为互相对立的两种倾向不单体现在古典园林的布局形式和一般建筑的空间组合之中，而且也体现在人们的行为心理乃至整个民族的传统习惯和性格特征之中。以我国古代的情况而论，作为东方民族，又长期禁锢在封建宗族的法统之中，这样便逐渐陶冶成一种以内向为主要特征的民族性格，它几乎渗透于人们生活的各个方面，其中最明显的一个方面就是建筑的布局形式。例如遍布于各地的民居建筑，尽管

形式多样，各不相同,但最普遍的一种类型即采用四合院的布局形式,这就是一种最典型的内向布局的形式，其主要特征是：所有的建筑均背朝外而面向内院，从而形成一个以内院为中心的格局形式。这和西方的花园别墅恰成鲜明对照，后者则纯属外向布局的形式，其特点是以建筑为中心，并在其四周布置庭园绿化。除住宅建筑外，其它如寺院建筑、宫殿建筑也大体如此，即均以一正两厢和四合院形式作为基本布局手法而灵活运用的。某些规模和尺度特大的建筑群，如北京明、清故宫，它的主体建筑三大殿（太和、中和、保和殿），虽然具有外向的特点，但从整体布局来看这种外向依然属于内向之中的外向，这就是说它们依然处在一个更大的封闭性的空间院落之中。

和其它类型建筑相比较,园林建筑的布局形式显然要灵活多样一些,为适应不同的规模、地形、环境需要或考虑到景观和观景要求，有的采用内向布局的形式；有的采用外向布局的形式；还有一些则部分采用内向布局形式、部分采用外向布局形式，或者使群体组合兼有内向和外向两种布局形式的特点。

小型的私家园林多取内向布局的形式，这种例子尤以苏州见到的最为典型、如半园、畅园、鹤园均属这种布局形式。它的特点是：建筑物、迴廊、亭榭等均沿园的周边布置，所有建筑均背朝外而面向内，并由此而形成一个较大较集中的庭园空间。这种布局的好处是在极为有限的范围内可以布置较多的建筑，且不致造成局促、拥塞的局面。这种布局情况和四合院民居一样虽然同属内向布局形式，但作为园林建筑为避免呆板、单调、除充分利用建筑物布局上的变化而使所形成的内院形状更加曲折外，还尽量借助于引水、叠山、培花、植木等方法而力求具有自然的情趣。这里特别需要强调的是引水的作用，对于内向布局的小园来讲，如果能以一个较大、较集中的水面作为中心而环绕着它布置建筑、迴廊、亭榭，其向心和内聚的感觉则分外地强烈，为此，凡取内向布局的中小型庭园，无不在园的中央设置水池，不仅是江南的私家园林如此，就是北方皇家苑囿中的园中园（如谐趣园）也毫无例外。由此可见，水面通常是内向布局所赖以取胜的重要因素之一。

内向布局形式虽有不少优点，但也有其局限性：其一是规模不宜太大，这是因为若园的规模过大，而建筑物高度又有限，在这种情况下若使建筑物沿园的周边布置，势必会使所形成的空间院落流于空旷单调，甚至还可能因为失去正常的尺度而得不到应有的空间感。为此中型，特别是大型的园林建筑只适合于在其中的某个局部景区采用内向布局的形式，而就整体来讲是不宜采用这种布局形式的。其二，内向布局形式由于建筑物均面向内而背朝外，所以从外部看常常显得封闭，沉闷而无生气，出于景观的要求，这种布局形式只适合处于市井之中的私家园林，一般不适合于用作大型皇家苑囿之中的园中园，如果要用，尚须对其外围作适当处理，颐和园中的谐趣园正是这样做的。

对于中、大型园林来讲，特别是特大型皇家苑囿之中的园中园或建筑群，一方面要考虑到人在内部活动时的景观效果，同时也要兼顾到人在外部活动时的景观效果，完全内向的布局形式很难顾及到从外部看的

采用内、外向相结合的苏州沧浪亭

景观效果，面对这样的环境，如果能够综合运用内向布局与外向布局两种手法，通常可以取得良好的效果。这里可以分为两种情况：一种是采用相加的办法，即部分地运用内向布局的形式，部分地运用外向布局的形式。例如颐和园中的云松巢建筑群就是属于这种情况，它的西部以迴廊形成的空间院落具有内向布局的特点，东部则取外向布局的形式。这样，不仅兼顾到内、外两方面的景观要求，同时还为观景创造了必要的

条件，应当说这样的处理与它所处的特定的地形环境——背靠万寿山面临昆明湖——也是统一协调的。另一种情况则是使内向与外向相结合，换言之就是使布局兼有内、外向两种特点。比较典型的例子如离宫中的万壑松风建筑群，朝南的一面主要是以建筑、迴廊而形成的若干内院具有内向布局的特点，朝北的一面由于面对风景秀丽的山庄，无论从景观或观景的要求来讲都必须取开敞的外向布局的形式。在这里，古代杰出的匠师正是把内向与外向布局的两种形式巧妙结合在一起。再如苏州沧浪亭，虽处市井，但由于园外东北部临水，为求得呼应，也使部分建筑、迴廊取外向形式，从而兼有内、外向两种布局形式的特点。

如果说以水面为中心并沿着它的四周布置建筑较有助于加强向心、内聚的感觉，因而绝大多数采用内向布局的庭园均在其中央设置水池，那么在凸起的山地上建造庭园情况则正相反，即不宜采用内向的布局形式而必须采用外向的布局形式。这是因为凸起的山必然要阻隔人的视线，沿山的四周布置建筑，彼此之间根本不可能具有视觉上的呼应关系，这样就难以形成一种向心的感觉。例如苏州沧浪亭，其主要景区就是以山为中心而在其四周环列建筑、亭、廊、就布局看显属内向形式，但实际上并无向心的感觉。由此可见，在以山为中心的情况下，理应按照人的视觉具有离心、扩散的特点而取外向的布局形式，具体地讲就是使建筑物背向山而面朝外，这样不仅可以使建筑物具有生动活泼的外观和参差错落的外轮廓线，而且更为重要的是可以充分利用山地的特点而使人的视野开阔，从而创造优越的观景条件。例如北海中的濠濮涧、琼华岛以及离宫中的金山亭建筑群等，都成功地利用了山地的特点而取外向布局的形式，并取得了良好的效果。

由于水面坦荡平静，且于视线又无遮挡，所以临水的人总是乐于凭栏远眺，根据这个道理，在四周临水的岛地上布置庭园，也适合于采用外向布局的形式。前面所举的琼华岛和金山亭建筑，既属山地又兼四面临水，所以尤其适合于采用外向布局的形式。

看与被看

[图15—18]

在前面的一些章节中，曾不止一次地出现过观景和景观这两个词汇。同样的两个字，仅仅因为顺序的颠倒便赋予了不同的含义：观景具有从某一点向别处看的意思；景观则是指作为对象而从各个方面来观赏，简言之就是看与被看。在古典园林中，绝大多数风景点——包括建筑、山石在内，都必须同时兼顾到这两方面的要求。

中国古典园林如果从整体布局上看，既不象官殿、寺院建筑那样因为采用一正两厢的布局形式而井然有序，更不像西方古典建筑那样由于轴线对称的引导和转折及彼此间的对位关系而给人以严谨的感觉。所以乍看起来似乎很凌乱、很偶然，几乎没有什么规律可循，殊不知一经深入研究便可发现，其中有许多要素之间都不着痕迹地置于某种视觉联系的制约之中，而作为视觉联系的基本内容便是彼此间都同时考虑到看与被看这两方面的要求。所谓"不着痕迹"就是寓必然于偶然之中。这里不妨拿西方古典建筑一般构图法则作比较，在西方，不论是群体组合或城市规划，都很讲求在轴线的终端或交叉点处设置"底景"以满足视觉要求，这种构图形式人们一眼就能看出它的必然性。中国古典园林则不然，就以对景来讲，它的作用和前面讲的底景的作用颇为相似，但在中国园林中，"对"与"被对"这两种要素之间却常常是以偶然的形式出现的。最典型的例子如拙政园中的雪香云蔚亭和枇杷园的圆洞门，这两者除了视觉上的联系表现出一种制约关系之外，从其它方面讲几乎找不出任何联系。正是由于这种原因常使人犹疑：究竟是偶然的巧合抑或必然的联系？从而莫明其奥妙之所在。其实，类似这样的关系，甚至比这更为复杂的看与被看的视觉上的制约关系却处处都有所体现，尽管这种体现有时却表现得十分含蓄、隐晦。例如拙政园西部的扇面亭，这是一个极不引人注目的小建筑，初看起来似乎是可有可无的，但几经琢磨便感觉到无论从看与被看这两方面要求来讲，点缀在这里的扇面亭，的确十分巧妙地置于视觉制约关系的焦点之中。从被看的方面讲，它的位置异常突出，特别是从园的中部经别有洞天门来到西部，作为被观赏的对象——对景——它首当其冲，成为人的视线所能捕捉到的第一个对象，成功地起到了"点景"的作用。此外，从园的其它一些关键部位如通往留听阁的曲桥或通往倒影楼水廊的突出部分看，都能获得良好的效果。再从看的方面讲，扇面亭的位置选择和处理也是十分有趣的，不仅正面临水开朗，而且其它三面通过门洞、窗口均有景可对。

一幢小建筑是这样，一组建筑群也是这样；私家园林是这样，皇家苑囿也不例外。例如承德离宫中的烟雨楼，作为一组建筑群，由于位置选择巧妙和体量组合上的丰富变化，从被看的方面讲无论从近处、远处或园内其它一些关键部位看都具有极好的画面构图。而从看的方面讲，环

承德避暑山庄金山亭建筑群外观

自避暑山庄烟雨楼东部方亭观赏远山近景

绕着它的四周又都有巧妙的对景关系。由此看来，烟雨楼建筑群的位置选择和群体组合都不能把它看成是孤立自在的因素，而是和远近其它各风景点之间保持着巧妙的看与被看的视觉制约关系。

在上节中讨论内向布局与外向布局的特点时，主要是从"看"的方面着眼，所以认为内向布局具有向心、内聚、收敛等特点，而外向布局具有离心、辐射、扩散等特点，如果从"被看"的方面着眼，情况则正相反。例如前面所举的扇面亭或烟雨楼，作为一个"景点"如果从这里向外看，其视线自然呈离心、辐射的状态；而自园的其它各处来看它，由于视线汇集于一点，虽然也呈辐射的状态，但方向却正相反，因而具有向心的特点。大型园林中的各主要建筑或风景点，如果从看与被看的视觉关系方面来分析，均可以各自为中心而构成错综复杂的视线网络。园林的整体布局和景点设置正是在这种无形的网络的制约下，才见出其匠心的。所以从表面上看一切若似偶然的巧合，但实际上却凝聚着造园家苦心经营的心血。

虽然从一般的意义上讲处于园林中的建筑都应同时满足看与被看这两方面要求，但这两者却并非等量齐观地体现在每一幢建筑之中。这就是说针对不同建筑特点，而可能有所侧重。例如某些建筑可能以观景为主，而另外一些建筑则以点景为主，前者主要是用来满足看的要求，而后者则主要是用来满足被看的要求。用来满足观景要求的建筑，其本身作为一种客观存在当然无法迥避被看的要求，为此，也必须具有优美的体形和轮廓线，但毕竟还是以通过它来看周围的景色为主。这样的建筑一般都处理得很开敞，以利于最大限度地从四周摄取景物。例如狮子林中的湖山真意亭就是属于这种类型的建筑，它处于狮子林西部景区的北缘，这里可以为观赏园内湖山景色提供最佳视点，建筑则取三面亭的形式，东、南、西三面完全敞开，可使周围景色尽收入画面。再如离宫西北山区的南山积雪亭、垂峰夕照亭及四面云山亭等，虽然因为地处突兀的制高点而十分引人注目，但从其命名来看，其主要意境还是来自观景。

当然，也有一些建筑重在景观价值，这样的建筑主要则是为了满足被看的要求。例如留园中的明瑟楼则是属于这种类型的建筑，它位于中部景区的北部，其底层取开敞的形式，也有很好的观景效果，但在附近

的建筑中，由于它的体量最高大而轮廓线又极富变化，两相比较，其景观价值似更大于观景的价值，所以总的讲来还是一幢以满足被看要求为主的建筑。

主从与重点

[图19—25]

在建筑构图原理以及有关论述形式美的书籍中，几乎总是把主从分明当作一条重要的原则而加以强调，并认为它是达到统一所不可缺少的因素。西方古典建筑以及我国传统的宫殿建筑、寺院建筑、乃至四合院民居建筑，也都显而易见地体现出一种主从分明的构图关系。然而，这条建筑构图的基本原则是否也应合于古典园林建筑呢？这个问题对于某些皇家苑囿如颐和园、北海来讲，也许不经思考就可以给予明确、肯定的回答，但对于江南一带的私家园林来讲，问题就不那么简单了。至于个别园林建筑如苏州的留园，究竟哪一部分是主，哪些部分是从？园的重点景区究竟在什么地方？恐怕不同的人其感受也不尽相同。这表明古典园林建筑确实不同于其它类型建筑，不能按一般的构图法则而生搬硬套。

某些园林建筑为什么不象其它各类建筑那样具有明确的主从关系呢？这无疑和传统造园所遵循的再现自然的原则有着不可分割的联系。无论是西方古典建筑抑或中国传统的宫殿、寺院建筑，都十分明确地表现为一种人工创造，它们都毫无顾忌地通过轴线对称、排偶以及体量上的悬殊、对比等方法以求得主从分明，然而这些方法与再现自然的原则都是格格不入的。那么，要再现自然是不是就一概排斥主从分明呢？当然不是。它所排斥的仅仅是以简单化和机械的方法来谋求主从分明。例如通常所采用的以对称而突出主体的方法，除少数皇家苑囿外，确实为一般园林建筑所不取。但并不排除用比较含蓄、隐晦的方法来突出主题、重点，从而达到有机——相对于机械而言的统一。这种统一虽不显而易见，但却更加耐人寻味。

园林建筑的布局和山水画的位置经营是一脉相承的，这两者虽然都强调"师造化"，但毕竟还是"由人作"的，因而主观的经营、取舍、剪裁不仅不可取消，而且还是决定其艺术水平高低的关键。杰出的艺术家总是善于运用巧妙的手法来突出主题、重点而不留下刀痕斧迹的。例如山水画，不论是尺幅或长卷，一般地讲总是有主景和配景之分，只有这样才能使画面不失中心。有许多山水画的论著也十分强调主从关系的处理，所谓："主山最宜高耸，客山须是奔趋"（《画山水诀》）；"正面溪山林木，盘折委曲，铺设其景而来，不厌其详，所以足人目之近寻也；旁边平远，峤岭重叠，钩连缥缈而去，不厌其远，所以极人目之旷望也"，这些都深刻地说明画面构图必须有主有从，而不可一视同人地平均对待。《园冶》一书虽然比较全面地论述了造园中的各种问题，但涉及到主从关系的篇幅却很有限。只是在立基篇中提到："凡园圃立基，定厅堂为主。先乎取景，妙在朝南"；此外，在掇山篇中还提到："假如一块中竖而为主石，两条旁插而呼劈峰，独立端严，次相辅弼，势如排列，状若趋承"。这些，仅涉及到局部问题，至于整个园的结构及景区安排如何突出重点以求得主从分明则很少论及，而这一点比之单幢建筑或一组山石的处理显然重要得多。

从园的整体结构看，除少数仅由单一空间组成的小园外，凡是由若干个空间组成的园，不论其规模大小，为突出主题，必使其中的一个空间或由于面积显著地大于其它空间；或由于位置比较突出；或由于景观内容特别丰富；或由于布局上的向心作用，从而成为全园独一无二的重点景区。此外，园内的主要厅堂建筑一般也设在这个景区之内，并起着画龙点晴的作用。比较典型的例子如寄畅园秉礼堂庭园，虽规模很小，但却划分成为四个空间院落，位于秉礼堂前的一处院落不仅地位突出、面积显著地大于其它空间，而且特别由于借水池、山石、花木等要素组成的景观内容十分丰富，从而形成为园内唯一的重点景区，其它各空间院落则处于从属地位，仅起着烘托陪衬的作用。规模稍大的园，空间组成比较复杂多样，突出主题、重点的意义似更重要。设若主从不分而一律对待，必然会使整体流于繁杂、纷乱，以至失去中心。在中型园林中突出主题、重点比较成功的例子有网师园和怡园。特别是怡园，其空间组成比较复杂，但处于藕香榭前的一处景区则显著地不同于其它空间院落，这

19

里不仅有较大的水面，而且还以它为中心，四周环列着亭台廊榭，加之山石林立、花木葱茏，景观内容丰富多采，远非其它各处所能及。大型园林如留园，由于空间组成更加复杂，建筑又十分稠密，因而不免使人感到不知重点之所在。面对这种情况，有的人认为重点应在中部景区，有的人则感到东部景区的空间院落也饶有兴味。其实，从全园的整体结构看，重点景区仍然是园的中部。这里不仅有集中的水面，林立的山石，参天的乔木，而且亭、台、楼、阁、廊、榭一应俱全，无论从自然山水或人工建筑方面看，都荟萃了全园的精华。至于东部景区，由于建筑密集、空间曲折多变，虽情趣横生、引人入胜但毕竟因为空间过于狭小、零散，起不到控制全局的作用。对于留园来讲还有一点值得注意，即园内的主要厅堂不在重点景区之内，而位于它的东侧。这对于一般的园林来讲，可能会使重点景区因为失去高大体量的建筑而有所逊色，但对于留园来讲却不存在这种问题，这是因为位于五峰仙馆西翼的曲谿楼、西楼，论体量之大虽不及五峰仙馆，但作为楼房其高度及体形变化均远远地超

以藕香榭为主体的怡园主要景区

过后者，园的中部景区正是借此而大为增色。拙政园的情况也是比较复杂的，由于多次扩建，园可分为中部、西部、东部三个相对独立的部分毫无疑问，中部应居三者之冠，但是要把整个中部视为全园的重点景区，似嫌过大，这样仍然会流于零散、纷乱而没有中心。为此，还有必要把重点缩小到以远香堂、倚玉轩为中心的有限范围之内，特别是集中在倚玉轩以西——以小飞虹为中心的水院一带。这种情况表明，对于大型园林来讲，不仅要有重点景区，而且在重点景区之内还应当有更为集中的焦点——重点之中的重点。

北方的皇家苑囿，不论是就整体或是就其中的某个园中园来讲，由于没有彻底摆脱对称的影响，因而常利用对称的关系来突出主题或重点。最典型的例子如北海画舫斋，作为园中园具有相对的独立性，园的主体部分采用对称形式的布局，不仅有明显的中轴线，而且中心部分的水庭还呈规则的方形平面，它的面积既不显著地大于其它部分，景观变化也不十分丰富，但是由于居于全园的构图中心，加之方方正正的水庭与其它部分的对比异常强烈，从而形成为全园的核心。北海中另一个园中园静心斋庭园，其布局虽不对称，但其主要部分却具有明确的中轴线，与画舫斋相似它的入口部分也有一个规则的矩形平面水庭，但与画舫斋不同，由于园的后部还有一个更大、景观内容极富变化的景区，所以这个小小的水庭便不能成为园内的重点景区，而只能作为进入重点景区之前的过渡性空间。

北海——作为大型皇家苑囿，就整体而言其规模之大和占地之广都远远地超过私家园林，对于这种采用集锦式布局的大型园林来讲，仅用突出某个景区或风景点的办法以求得主从分明，显然是难以奏效的。这样的园，为避免松散、凌乱，比较有效的方法就是结合自然地形的变化，在园内选择凸兀的高地，并在这里比较密集地布置建筑群或风景点，特别是在其顶峰建造楼阁或高塔，从而形成一个制高点，通过它既可以俯瞰全园，另外，从园的四面八方又可以清晰地看到它的立体轮廓线。只有这样，才能起到控制全局的作用。例如北海的琼华岛以及岛上的白塔都很好地起到了上述作用。

对于特大型皇家苑囿来讲，随着园的规模的增大对于制高点的控制

力的要求也愈高。这不仅意味着它必须具有足够的体量和高度，而且还要求具有一定的气势和烘托。和一般私家园林刻意追求小巧、玲珑、朴素、淡雅不同，特大型皇家苑囿并不完全排斥在其重点和中心部分以轴线对称的形式来排列建筑并组织空间院落，从而形成一种气势磅礴的空间序列，并借此而有力地烘托陪衬起控制全园作用的制高点。例如颐和园，设若没有体量高大的佛香阁，固然会因为失掉控制而流于松散，但只有佛香阁而没有排云殿建筑群，那么佛香阁则势必因为孤立而极大地减弱其控制力。

以上述方法来加强制高点对于全园的控制作用，难免会冲淡园的自然情趣。为此，有的皇家苑囿如承德避暑山庄，虽然规模极大，但为了求得朴素淡雅情趣，在园内就没有设置特别突出的制高点。不过尽管如此，金山亭这一组建筑群无论从体量或规模上看相对地讲还是要突出一些，避暑山庄正是以此而作为东南湖区的重点的。

空间的对比

［图26—34］

在古典园林中，以空间对比的手法运用得最普遍，形式最多样，也最富有成效。

具有明显差异的两个空间毗邻地安排在一起，将可借两者的对比作用而突出各自的特点。例如使大、小悬殊的两个空间相连接，当由小空间而进入大空间时，由于小空间的对比、衬托，将会使大空间给人以更大的幻觉。江南一带私家园林，由于多处市井，只能在有限的范围内经营，但为了求得小中见大，多以欲扬先抑的方法来组织空间序列，即在进入园内主要景区——空间之前，有意识地安排若干小空间，这样便可以借两者的对比而突出园内主要景区。例如南京的瞻园，它的入口部分处理便是根据这样的原则来组织空间的，尽管园内主要部分景区的空间规模有限，但经过一连串小空间之后来到这里，依然可以获得比较开阔的印象。

留园在运用空间对比手法方面给人留下的印象也是极为深刻的。特别是它的入口部分，其空间组合异常曲折、狭长、封闭，处于其内人的视野被极度地压缩，甚至有沉闷、压抑的感觉，但当走到了尽头而进入园内的主要空间时，便顿时有一种豁然开朗的感觉。从当时使用情况来看，这条曲折的窄巷并非园的主要入口，此外，搞得如此狭长、曲折、封闭也可能是受到其它一些客观条件的限制，因此也不能贸然地断言这一定是出于造园家的精心安排，但撇开这些因素不论，仅就客观效果来看确实很象陶渊明在《桃花源记》中的一段描绘："林尽水源，便得一山，山有小口，仿佛若有光，便舍船从口入，初极狭，才通人，复行数十步，豁然开朗"。

曲折、狭长、封闭的留园入口部分空间

然而，完全自觉地运用空间对比手法来谋求效果的例子也不少。例如扬州何园，可以分为东、西两个部分，它的主要入口朝北，并插在这两个部分之间，其入口部分空间虽不象留园那样曲折、狭长，但却小而封闭，经由这里无论是去园的西部或东部，都可借大与小的对比以及开敞与封闭的对比而使人心旷神怡。特别是走进园的西部，其对比尤为强烈，效果更是显著。

对于许多私家宅园来讲，就当时的使用情况来看其对外入口并不是十分重要的。这是因为园的主人很少有机会从外面直接进入园内，而总

自绿荫看留园中部景区

是从住宅入园的。为此，处理好从住宅通往园内各入口的空间关系就显得更为重要了，这里，也可以利用空间的对比而获小中见大的效果。例如网师园，作为私家宅园依附于住宅的西侧，并有数处与住宅相通。由于在住宅与园之间插进了一条又小、又窄、又暗、又封闭的过渡性空间，每当人们穿过它而进到园内时，便可借其烘托、对比作用，从而使园内

北海静心斋入口部分水庭

北海静心斋主要景区

主要空间具有一种扩大感。试设想：如果没有插进这样的过渡性小空间而由住宅部分径直地进入园内，其效果必将大为逊色。

还有少数私家园林，如苏州的怡园，由于种种原因使得它的主要景区处于园的后部，与园的入口或住宅部分均无直接联系。即使处于这种情况，为了突出主体空间，也往往在通往主要景区之前适当安排一些较小的空间院落或较曲折狭长的游廊，使人的视野一直处于收束的状态，待从这里走进园的主要景区时，随着视野的突然开放，必将产生某种意想不到的兴奋情绪。以怡园为例，入园后可分南北两路进入主要景区，但不论是从南路自南雪亭或自北路经锁绿轩进入主要景区，都必须分别穿过若干小院或曲廊，而正是借它们的对比、衬托，才更加显示出主要景区空间的旷达、开朗。

不同形状的空间也可以产生对比作用。例如整齐规则的空间院落与自由、曲折、不规则的空间院落之间，往往由于气氛上的迥然不同，从而产生强烈的对比作用。这种情况多见于北方皇家苑囿中的园中园，例如北海静心斋就是一个典型的例子。它的入口部分水院呈规则的矩形，气氛颇为严肃。但位于其后的主要景区，则是一个横向展开的不规则的空间院落，院内既有曲折的水池，又有林立的山石，加之树木葱茏，屋宇参差错落，当由严整的前院来到这里，顷刻之间气氛突变，犹如置身于蓬莱仙境。

相毗邻的空间院落，除因大小、形状以及封闭与开敞的程度不同而可产生对比作用外，还因其内部处理不同，也可以构成极强烈的对比关系。例如故宫内的乾隆花园，它的数进空间院落虽然在大小或形状方面都不尽相同，但由于差别并不显著，依然不能构成对比关系。只是由于各院落之内分别采用了不同的处理方法，从而赋予不同的意境和气氛。这样，当从一个院落走进另外一个院落时，才不致有重复或单调的感觉。其中，尤以遂初堂前后两进院落的变化更为显著，前院颇为开朗，后院由于堆叠了大量山石，则显得十分拥塞，两者的对比极其强烈。

大型皇家苑囿，不仅规模大、占地广，而且又处于自然风景优美的环境之中，按理说并不存在着小中见大的要求。但是尽管如此，还是不遗余力地运用空间对比的手法来谋求豁然开朗的效果。这里所凭借的是

以人工形成的有限的空间来与无限的自然空间作对比，并且和私家园林一样，也是表现在园的入口部分的空间处理上。大型皇家苑囿为了满足功能要求，必须在入口附近安排一些处理朝政的殿宇，这样便以人工的方法而形成一些较严整、封闭的空间院落。穿过这些空间院落时，不仅气氛严肃，而且视野基本上处于收束的状态。巧妙地利用这些空间与自然空间作对比，便会使人产生一种极度兴奋的情绪。例如颐和园，其主要入口位于园的东部，入园后首先来到仁寿殿前院，这里就是一个以建筑围合而成的三合院，气氛极为庄严。过此，经过一段曲径便进入玉澜堂前院，这又是一个既方正又封闭的四合院，待穿过这些空间院落而到达昆明湖畔，顷刻间大自然的湖光山色全呈眼底，这时，人的视野如脱缰之马，可以纵横于无边无际的原野。

和颐和园相似，另一个大型皇家苑囿承德离宫，也是以一连串人工形成的内院与自然空间相对比，从而取得了极好的效果。位于离宫东南的正宫与松鹤斋建筑群，均属皇帝处理朝政及生活用房，由许多进封闭的空间院落沿着两条相互平行的轴线串联成为空间序列。当人们穿过这些院落至万壑松风建筑群或登上云山胜地楼，便可一览离宫的远山近水。这时，一直处于收束状态的视野突然开阔，从而使人为之一振。

藏与露

[图35—36]

一切艺术作品最终都是要诉诸于表现的，但如何表现却大有讲求。不外有两种倾向：一种是率直地、无保留地和盘托出；另一种是取含蓄、隐晦的方法使其引而不发，显而不露。不同的民族，由于文化传统与审美趣味的差异，其倾向性也是不尽相同的，大体上讲来西方人多倾向于用前一种方式来表现；中国人则多倾向于用后一种方式来表现，这在古典诗词和绘画中表现得尤为明显。例如刘勰在《文心雕龙》一书的《隐秀篇》中曾说："隐也者，文外之重旨者也；秀也者，篇中之独拔者也。隐以复意为工，秀以卓绝为巧，斯乃旧章之懿绩、才情之嘉会也。"，这

里所说的重旨与复意，都包含有言词之外所耐人寻味的意趣。这就是平常所说的言有尽而意无穷。唐、宋是我国诗词极盛的时代，当时大多数词人均属"婉约派"，所谓"婉约"就是婉曲和隐约的意思，实际上就是追求含蓄。"含蓄无穷，词之妙诀。含蓄者，意不浅露，词不穷尽，句中有余味，篇中有余意，其妙不外寄言而已。"（沈祥龙《论词随笔》）。

如同诗论中所讲的"不著一字，尽得风流"一样，在画论中则强调"意贵乎远，境贵乎深"的艺术境界。为此，最忌把主题坦露于画面，而

透过山石、花木看留园曲谿楼

从这一点出发便常常把"深山藏古寺"和"桥头竹林锁酒家"等作为绘画的主题，俾使"藏"的境界得到巧妙的表现。

古典园林与诗词、绘画的关系极其密切，自不免要受到它们的影响。通过对于许多实例的分析可以看出，传统的造园艺术也往往认为露则浅而藏则深，为忌浅露而求得意境之深邃，则每每采用欲显而隐或欲露而藏的手法把某些精彩的景观或藏于偏僻幽深之处，或隐于山石、树梢之间。总之，古典园林，不论其规模大小，都极力避免开门见山、一览无余，

并总是千方百计地把"景"部分地遮挡起来，而使其忽隐忽现，若有若无。

古典园林，特别是私家宅园，多采用内向布局的形式，或依附于住宅的一侧，或退避于住宅的后部，从外表看极其平淡，甚至根本看不到，致使来到园外，只一墙之隔，竟不知里面另有一番天地，这本身就是一种"藏"。有些园虽有门直接与外部相通，但一般都处理得小巧、朴素、淡雅，而切忌华丽、张扬。进入园门后则常常以影壁、山石为屏障以阻隔视线，务使人不能一览无余地看到全园的景色。例如《红楼梦》十七回中所描写的大观园的入口处理就是这样：当贾政领了一批人进入园门后，"只见一带翠嶂挡在前面。众清客道'好山，好山！'贾政道：'非此一山，一进来园中所有之景悉入目中，更有何趣？'……"大观园虽然只是作家头脑中的想象，但这种想象决非凭空而出，它不仅有许多事实为根据，而且又是完全合乎传统造园艺术的常理的。有许多私家园林（如拙政园）以及皇家宫苑中的花园（如乾隆花园）乃至苑囿中的园中园（如北海画舫斋及其东北部的古柯庭）等均以这种方法来处理其入口，并且收到了良好的效果。

在园林中，不论是高大的楼阁或小巧的亭榭，全然地坦露总不如半藏半露显得含蓄、意远、境深。例如苏州环秀山庄，原是位于宅后的小园，仅一屋一亭，若坦露于外，必索然无味。但由于山石嶙峋、乔木参天，特别是藏建筑、亭台于山石、树梢之后，从而产生幽邃深远之感。再如狮子林中的卧云室，这是一幢体量高大的楼阁建筑，若屹立于四周空旷的平地之上，看上去难免会使人肃然起敬。幸好，在这里却深藏于石林丛中，四周怪石林立，松柏蔽天，仅楼之一角间或从缝隙或树梢中显露于外，这既暗示出楼之所在，但又十分含蓄而耐人寻味。

所谓"藏"，就是遮挡。不外两种方法：一是正面地遮挡，这往往为一般建筑所忌讳，但园林建筑却不很在意。狮子林中的卧云室若从北面（指柏轩）看就是属于正面遮挡，而且挡的相当严实，但效果甚佳。另一种是遮挡两翼或次要部分而显露其主要部分。后一种较常见，一般多是穿过山石的峡谷、沟壑去看某一对象。例如自留园中部水谷深处看曲豁楼就是属于这种情况，此外，还可以藏建筑于茂密的花木丛中。例如苏州壶园，由于藏厅堂于花木深处，园虽极小，但景和意却异常深远。

引导与暗示

[图37—38]

藏，不是压根儿不让人看到，而是不让人一览无余。从这种意义上讲，藏则是为了更好地露。否则，藏之过深而不为人所知，便失掉了藏的意义，由此可见，露的本身便带有暗示的作用。在古典园林中，凡借欲露而先藏，欲显而先隐的手法以求得含蓄、深沉的效果，必相应地采取措施加以引导与暗示，俾使人们能够循着一定的方向与途径能够发现景之所在处。

借助于空间的组织与导向性可以起引导与暗示的作用。例如园林中的游廊——一种既狭且长的空间形式——通常具有极强的导向性，它总是向人们暗示：沿着它所延伸的方向走下去，必定会有所发现，因而处于其中的人便不免怀有期待的情绪，巧妙地利用这种情绪，便可借游廊把人不知不觉地引导至某个确定的目标——景所在的地方。

江南一带的私家园林，多把景区置于园的纵深处，为此，必须很好地组织入口部分的空间序列，才能成功地把人由园外引导至园内主要景区，而游廊每每在这种空间序列中扮演主要角色。最典型的例子如南京瞻园入口部分的空间组织，在这里正是借游廊的巧妙衔接而成功地起着引导与暗示的作用，使人入园后便不由自主地循着曲折的游廊而进至园内主要景区。其它如留园、怡园等的入口部分空间处理，也都由于具有明确的导向性，从而有效地发挥了引导与暗示的作用。

这里还有必要来分析一下苏州的畅园。这是一个较小的私家宅园，由于纵向狭长，园内主要厅堂留云山房只能设在园的后部。自入口经桐华书屋进至园内，如果不加以引导，空间序列必将因为失去了连贯性而中断。但由于设置了游廊，便自然地把人吸引至园的东侧，并沿着曲廊向纵深前进。此外，为了加强引导与暗示作用，每在游廊的转折处都巧妙地运用扩大空间或对景等手法加以强调以吸引人的注意力，这样，便使人不知不觉地来到园内主要厅堂——留云山房。

北方的皇家苑囿，由于……模大、占地广，园内重点景区与核心部分
建筑群，一般均与入……设无引导与暗示，人们便茫然不知所
去，所以引导与……更加重要。例如颐和园，它的入口位
于园的东部……万寿山前，两者相距极远。怎样才能
把人由……可以分为两大段：前一段自入口
仁寿殿……院落的组织和轴线的转折而起
引导的……由于它自东而西横贯于万寿
山的前……作用。过邀月门经由长廊不
仅可以到……往西还可以到达石丈亭、
石舫等园内……

除游廊外……等，也可以通过处
理使之起引导与……何处？在产生这样
一种疑问的同时便……理和情绪。园林
中的路，为求得含蓄……这样的路将
能引起人们探幽的兴趣……理。

带有踏步的路或石阶……登，与平
坦的路相比，其引导与暗示……由于
把风景点设在山上，通过这样……标。
例如苏州的虎丘，有相当多的……样
便可以加强山道的引导与暗示作用……
映于枝叶扶疏的远方，更具有极大的……
循着一级一级的弯弯山道而来至园内的……

跨越溪流、水面的桥，也每每因为……
有某种暗示作用。例如自狮子林的指柏轩……
于石林之后，如果没有适当的引导便可望而……
却暗示出一条通往它的必由之路。

通过墙垣的设置与处理也可以产生引导与暗……
洞，作为寺庙园林其主要景区距山门甚远，在这里……
垣的巧妙配合，特别是墙垣的转折，从而成功地把人……
景区。

经由曲廊引导至苏州鹤园的主要景区的序列组织

疏与密

[图39—42]

在《绘画六法》中有一条是"经营位置"，主要涉及的是绘画的画面安排与构图问题。其实，除绘画外，书法、金石篆刻等艺术也十分注重构图与位置的经营。位置经营涉及的面较广，其中特别重要的一点就是要疏密有致而不可平均分布。那么怎样才能达到疏密有致呢？最常见手法就是要留出间空。空，即是无，在许多场合下，无是可以胜过有的。白居易在《琵琶行》中描写琵琶曲暂停时的情景说："别有幽愁暗恨生，此时无声胜有声"。可见，即使对于音乐来讲，为了给人留下暇想的余地，特别是为了加强节奏感，有时也有必要以间空来打破音韵的连续性。绘画艺术更是这样，为了在有限的形象之外寄托不尽的意趣，往往在画面上留出大片的空白。例如南宋著名的画家马远就是十分善于以少胜多的，他常画山之一角或水之一涯以概其余，从而使画面保留相当多的空白。因此，曾有人称他为"马一角"或"马半边"。这种情况正如《安吴论书，述书上》引邓石如的话"字画疏处可以走马，密处不使透风，常计白以当黑，奇趣乃出"。

园林建筑虽然不同于绘画，但在总体布局和位置经营方面也毫无例外地遵循疏密相间的原则。这主要表现在建筑物的布局以及山石、水面和花木的配置等四个方面，其中尤以建筑布局体现得最明显。例如苏州留园，其建筑分布很不均匀，疏密对比极其强烈。它的东部以石林小院为中心建筑高度集中，屋宇鳞次栉比，内外空间交织穿插。处在这样的环境中，由于景观内容繁多，步移景异，应接不暇，节奏变化快速，因而人的心理和情绪必将随之兴奋而紧张。但有些部分的建筑则稀疏、平淡，空间也显得空旷和缺少变化，处在这样的环境中，心情自然恬静而松弛。就整个园来讲这两种环境不仅都是必不可少的，而且还是相辅相成的。只有密集而没有稀疏，人们便张而不弛；反之，只有稀疏而没有密集，人们则弛而不张，而一个好的布局则应使两者相结合，俾使人们能够随着疏密关系的改变而相应地产生弛和张的节奏感。留园正是这样做的，并且收到了极好的效果。其它一些园如狮子林、拙政园、怡园等大体上也是本着疏密相间的原则来安排建筑的。

和建筑一样，山石的位置经营也应本着疏密对比的原则。诚然，密集的山石可以造成千岩万壑和咫尺山林的气氛，这对于园林来讲确实是可贵的。但除此之外还应当借稀疏散落的山石来作点缀和陪衬，方能取得良好的效果。不然的话，处处都是山石林立便会使人有喘不过气来的局促感。还是以留园为例，它不仅在建筑的布局方面大胆地借疏密对比而收极好的效果，而且在山石的配置上也充分地体现了疏密对比的原则。例如留园中部景区，其西部和北部主要是借密集的山石而形成山林野趣，而园的其它部分，虽然也配置了不少山石，但却比较稀疏，两相比较，疏密之间的对比还是异常明显的。其它如狮子林，其山石的分布也有极明显的疏密对比，密的地方如卧云室周围犹如置身于茂密的山林，疏的地方仅数峰兀立。

疏密对比反映在用水方面主要表现在集中与分散的关系处理上；疏密对比反映在树木的配置方面则表现在遍植与孤植的关系处理上，关于这两方面的内容拟分别留待在庭园理水和花木配置等章节中讨论。

疏密的对比与变化不仅关系到平面布局和位置的经营，而且对于立面处理也具有极其重要的意义。例如江南一带的私家园林，建筑多沿园的四周排列，人处于园内可以同时环视四个周边上的建筑，为了破除单调而求得变化，这四个面也不应一律对待，必须使其中的一个或两个面上的建筑排列得很密集，并使其余的面较稀疏，从而使面与面之间有必要的疏密对比与变化。此外，再就每一个面来讲也不可均匀分布，而必须疏密相间以利于获得抑扬顿挫的节奏感。例如留园中部景区的处理就是这样：建筑沿四周布置，东部最密集，南部次之；西、北面则比较稀疏，四个面之间有明显的不同。另外，每一个边的处理也本着疏密相间的原则行事，从而具有音乐一般的节奏感。

和留园相似的还有颐和园中的谐趣园，建筑环绕不规则水面的四周布置，虽然不能明确地分成为东、南、西、北四个立面，但却连接成为一个闭合的环状物，分布在环上的建筑物也切忌均匀排列，而务必使之疏密相间，三五成群，以期借疏密的对比和变化而形成某种韵律节奏感。

起伏与层次

[图43]

依靠疏与密的对比与变化，诚然可以产生韵律与节奏感。然而，具体到园林建筑的立面组合，它只能说是形成韵律与节奏的必要条件，而不是充分条件。这就是说除使建筑物疏密相间地排列外，还要充分利用其它手法来加强整体立面的韵律变化与节奏感。这种手法主要所指的就是起伏和层次变化。起伏是借高低错落的外轮廓线来表现的。例如谐趣园，它的整体立面组合之所以富有变化和节奏感，除有赖于建筑物疏密相间外，还有赖于交替地改变建筑物的轴线方向、体量与层数，特别是屋顶形式。这是因为：上述几种措施都直接地关系到整体立面的外轮廓线变化。

特别是江南园林，这种起伏变化还不止于一个层次。例如常见的苏州私家园林，多依附于住宅的侧墙来建造亭、榭、游廊，而侧墙本身的外轮廓线就充满了起伏和变化，若利用得宜，这样的侧墙若似特意设置的背景，可以起良好的烘托陪衬作用。加上园林建筑本身外轮廓线的变化，这时已经有了两重层次的叠合。此外，某些临空的建筑或山石尚可形成第三个层次的起伏与变化。若三者和谐共处于一体，则犹如多声部乐曲，可以形成此起彼伏、层次极富变化的韵律节奏感。例如苏州的鹤园、网师园、畅园等，其立面组合都因具有多重层次的起伏与变化，从而给人留下深刻的印象。

以住宅侧墙所形成的层次，一般起着背景的作用，主要用以衬托依附于其上的亭、榭、游廊，所以在处理上都比较简单、淡雅。临空的建筑或山石所形成的层次，主要起近景的作用，由于受到视角的限制，通常只能看到其中的一个片断，因而也不是主要层次。依附于住宅侧墙上的亭、榭、游廊，作为中景，在三个层次中起着主导的作用，其处理是否得宜，将对整体效果产生决定性的影响。

南京瞻园借相邻建筑侧墙而形成的起伏与层次变化

虚与实

[图44]

虚与实是一对既抽象又概括的范畴，它涉及范围很广，大凡诗词、文学、绘画、雕塑等一些艺术领域，都每每要遇到虚实关系的处理。此外它的含义又比较含混，有时指的是艺术处理手法；有时似乎指的是一种艺术境界；有时指的却又像是艺术风格。为此，在文艺理论中常常引起许多争论。在造园艺术中涉及虚实关系的地方也不少，沈复在《浮生六记》中曾论及造园艺术，并说："大中见小，小中见大，虚中有实，实中有虚，或藏或露，或浅或深，不仅在周回曲折四字也"。从这一段话看来，似乎主要所指的还是一种手法，而且这种手法与疏与密、藏与露、浅与深又都是相互联系的。

所谓虚，也可以说就是空，或清空、空灵，或者说就是无；所谓实，就是实在、结实或质实，或者说就是有。后者比较有形、具象，容易被感知；前者则多少有些飘忽无定、空泛，不易为人们所感知，但这两者在造园艺术中却是相生相长和缺一不可的。

前面讲过的疏与密，从某种意义上讲也包含有虚与实的特点。例如形象组织得疏一些就显得空，而形象组织得密一些就显得实；藏与露也是这样，藏得深而使人感到恍惚迷离就是虚的一种表现，而坦露于外的东西则给人以实的感觉；至于讲到和浅与深的联系，一般认为凡清空的地方多能使人感到深沉，而质实的处所往往使人有浅露的感觉。这样说来并非贬实而褒虚，应当看到它们的关系是相辅相成的，虚是借实的对比而存在的，没有实就显不出虚，所以从这种意义上讲虚又是从实中派生出来的。在诗词和文艺理论中所谓"求空必于其实"或"善用其实"，深刻地揭示出虚与实的辩证关系。

在园林建筑中，虚与实的对立也表现在许多方面：例如以山与水来讲，山表现为实，水表现为虚，所谓虚实对比，就是通过山与水的关系处理来求得的。通常所说的山环水抱，就意味着虚实两种要素的萦绕与结合。再就山本身来讲，其突出的部分如峰、峦为实，而凹入的部分如沟、壑、涧、穴则为虚。为了达到美的要求，这两者也应当有适当的比例与组合关系。例如以透、漏、瘦作为评价山石优劣的标准，虽然乍看起来似乎是只强调了虚的方面，但实际上却是虚实关系的处理。

就是以建筑自身来讲，也包含有虚和实的两个方面，虚所指的是空间，实所指的则是体形。中国古典园林之所以具有诗情画意一般的艺术境界，实有赖于空间的曲折和变化，而空间又是借实的体形所形成的，所以，最终还是离不开虚实关系的处理。

以上所讲的这些方面都不是用三言两语所能够讲清楚的，为此，只好渗透在有关章节中并通过对其它处理手法的分析，而顺便地"带"出来。事实上前面所讲的藏与露、疏与密，在某些方面已经包含有虚与实的关系处理，只不过没有明确地把命题直接地点出来。以后的某些章节如堆山叠石、庭园理水也还会触及虚实关系的处理。

在这一节中拟着重地就建筑体形和整体立面组合来分析一下虚实关系的处理问题。在古典园林中，构成建筑物立面的要素也可以分为虚、实两大类。实的部分主要是墙垣，对于江南园林来讲就是白粉墙，它在立面处理中占有特别重要的地位。虚的部分主要是门窗孔洞以及透空的廊子，它与粉墙之间所构成的虚实对比异常强烈。还有一些要素如槅扇、漏窗，介于两者之间，可看作半虚半实的要素，可起调和与过渡的作用。园林建筑的立面处理常可借以上三种要素的巧妙组合而获得优美动人的效果。

为了求得对比，在通常情况下应避免虚实各半、平分秋色，而力求使其一方居主导地位，而另一方居从属地位。其次，还应使虚实两种因素互相交织穿插，并做到虚中有实，实中有虚。这里不妨以留园中部景区为例作具体分析。留园中部景区，其东部主要是借曲谿楼、西楼以及五峰仙馆等建筑的组合而形成整体立面的，由于墙面所占的比重甚大，所以实的要素处于主导地位。由绿荫、明瑟楼、涵碧山房等建筑组成的南立面，情况则大不相同，在这里空廊、槅扇所占的比重很大，因而虚的要素处于主导地位。所以就整个景区来讲，东部立面和南部立面便构成了强烈的虚实对比关系。再就每一立面来讲，尽管东部立面以实为主，但由于在实的墙面上又开了一些门窗孔洞，因而实中又有虚，而南部立面虽然以虚为主，却又在其中嵌入了少量的粉墙，使之虚中有实，这样，东、南立面之间，既保持了强烈的虚实对比，但又于对比中使虚、实两种要素有所渗透、交织、穿插，于是给人的感觉就不显得突然、生硬了。网师园的情况也大体如此，它的东立面借住宅侧墙为背景，以实为主，实中有虚，而西立面则以虚为主，虚中有实，不仅各自本身有虚实对比，而且东、西立面之间也具有虚实对比的关系。

就是同一个立面，也可按虚实处理不同而划分为若干段落，有的段落以实为主，实中有虚，而另外一些段落则以虚为主，虚中有实。例如扬州小盘谷东部立面，其两端以实为主，实中有虚，而中部则以虚为主，虚中有实。无锡寄畅园东部立面的情况则正相反，其中部以实为主，实中有虚，两端则以虚为主，虚中有实。从以上两例中可以看出：正是由于虚实对比的关系异常分明，所以整体效果就显得生动活泼。

单就虚实关系处理而论，北方皇家苑囿似较江南园林逊色。例如谐趣园，以游廊连接各建筑物，虽有虚实差别，但对比并不强烈。这可能是由于北方园林不大善于运用墙垣作为组合要素以取得效果。其次，北方

28

园林受法式的限制较严格，开门、门窗都有一定的约束，这样就难以利用门窗孔洞的巧妙设置而求得虚实的对比与变化。

蜿蜒曲折

[图45—48]

　　近代建筑讲求功能、效率，多推崇流线的简洁、顺畅。古代的宫殿、寺院建筑，为造成庄严肃穆的气氛，通常沿着一条笔直的中轴线排列建筑，自然也没有什么曲折可言。唯独中国古典园林，既鄙薄功利，又不夸耀气魄，所以在格局上忌平直而求曲折。"造园如作诗文，必使曲折有法、前后呼应，最忌堆砌，最忌错杂，方称佳构"（钱溪梅《履园丛话》），可见，曲折与诗文有着某种渊源。诗文，特别是词，常以曲折而取胜。"有韵之文，以词为极。…夫千曲万曲以赴，因诗与文所不能造之境，亦诗与文不能变之体，则乃骚人之遗而矣"（江顺治《词学集成》），这表明词在文体上是以曲折而长于诗文的。那么好处何在呢？"一转一深，一转一妙，此骚人三昧，自声家得之，便自超出常境"（刘熙载《词概》），这段话则进一步表明：每经过一次曲折，便可以产生一种新的境界，而随着境界的层出不穷，便会使人产生一种玩味不尽的妙趣。此外，曲折还可以导致意境的深邃。刘熙载在推崇杜诗时说："杜诗高、大、深俱不可及。吐弃到人所不能吐弃，为高；涵茹到人所不能涵茹，为大；曲折到人所不能曲折，为深。"把深和曲折相联系，确实是出自他自己深刻的艺术感受。

　　和诗文，特别是词的结构相似，中国古典园林，为了引人入胜，为了求得景的瞬息万变，为了求得意境的幽深，在布局上无不极尽蜿蜒曲折之能事。

　　古典园林的曲折性是怎样形成的呢？主要是通过各种要素相互之间的组合形成的。就中尤以建筑以及由建筑围合而形成的空间所起的作用最为显著。然而，中国建筑一个重要特点即单体建筑十分简单，一般均呈矩形或方形平面，这样就必然会出现矛盾：怎样才能把简单的单体建

瞻园的曲折游廊

瞻园的折桥

筑组合成为曲折而富有变化的建筑群。这一矛盾主要是借"廊"的连接作用而得以解决的。廊，一种专供连接建筑的要素，本身虽然没有独立的功能意义，但却具有极大的灵活性——可长、可短、可折、可曲，因而借它的连接便可使极简单的单体建筑组合成为极其曲折的建筑群。无怪计成在《园冶》一书中高度地肯定了它的作用，曾说廊可以"蹑山腰，落水面，任高低曲折，自然断续蜿蜒"，从而成为园林建筑中"不可少斯一

断境界"。事实上,园林建筑,不论是属于北方皇家园林或江南园林,都离不开廊的运用。最典型的例子如离宫中的万壑松风建筑群,由六幢建筑所组成,每幢建筑均呈矩形平面,而且又都相互平行地排列,就每一幢建筑而言可谓雷同单调至极,但正是借助于廊的连接,却形成了变化极为丰富曲折的建筑群。另一个例子如颐和园中的谐趣园,所有的建筑均环绕着一个不规则水面的周边排列,建筑体形虽有一些变化,但绝大多数建筑仍不外是方方正正的矩形平面,设无廊的连接,既难以形成统一的整体,又可能流于单调,但由于巧妙地使用了折廊和曲廊来连接各单体建筑,从而与水面紧密地结合为一体,不仅避免了单调,反而显得曲折而饶有变化。

以上所提到的两个例子均属北方皇家苑囿,若与江南私家园林相比较,后者还要曲折得多。这种差别也可归因于廊的运用。一般地讲,在北方皇家苑囿所见到的廊子多呈相互垂直的转角关系,只是在极少的情况下才使用弧形的曲廊或做成大于直角(钝角)的转折。这样,就曲折的程度而言,自不免会受到一定的局限。江南园林则不然,它的廊子几乎可以作任何形式的转折。关于这一点,倒可能是著名造园家计成的贡献,他在《园冶》一书中曾说: "古之曲廊俱曲尺曲,今予所构曲廊,之字曲者,随形而弯,依势而曲,或蟠山腰,或穷水际,通花渡壑,蜿蜒无尽……",由此可见,在计成之前江南园林中的曲廊多数也不外是"曲尺曲",而"曲尺曲"和"之字曲"的最大差别就在于前者所具有的转折多为直角关系,后者则不限于直角,特别是可以小于直角而呈锐角形式的转折关系。由于角度不限,从而极大地增加了灵活性,江南园林之所以曲折不尽,在很大程度上应归因于廊的形式不拘一格,特别是"之"字形曲廊的运用。

廊的曲折,不仅意味着流线的曲折,而且也意味着空间的曲折。这是因为廊本身作为一种狭长的带状空间,既起引导人流的作用,同时又起分隔空间的作用。被曲折游廊所分隔的空间,其自身形状无疑也带有明显的曲折性。江南园林所独具的曲折多变的空间形式,多半也是借曲廊的分隔而形成的。例如留园中部、东北部景区,特别是拙政园小飞虹、柳荫路曲一带以及西部景区的水廊,都因巧妙地使用了曲廊而赋予了空间

组合的曲折性。

虽然绝大多数园林建筑都是借游廊来连接各单体建筑,从而使群体组合蜿蜒曲折、变化无穷。但是也有少数园林建筑主要不是通过游廊,而是借助于建筑物的直接衔接,特别是使其空间互相交错穿插。从而给人以曲折迴环和不可穷尽的感觉。最典型的例子莫过于留园,自入口至古木交柯后,不论是向西经绿荫至明瑟楼,或向东经曲豀楼、五峰仙馆至石林小院,虽然有时也使用曲廊来连接建筑,但主要还是利用建筑物互相交错穿插,从而形成了极其曲折多变的空间序列。这种手法对于中国传统的建筑来讲是极其罕见的,可能是由于会导致屋顶结构的复杂化,所以在一般情况下都极力避免使两幢建筑直接连接。然而在园林建筑中却破例这样做,这无非也是为了求得空间序列的连续性和曲折。这样的处理方法和西方近现代建筑分隔空间的原则颇为相似,特别是和他们所推崇的"流动空间"颇有异曲同工之妙。

除建筑外,构成园林的其它要素如山石、洞壑、水、驳岸、路径、桥、墙垣……等,均力求蜿蜒曲折而切忌平直规整。关于山石、洞壑、水、驳岸等,将留待有关章节作具体分析,这里就不拟细谈。至于路,在园林中它的作用大致和游廊相同,均起引导人流的作用。由于景和空间的设置都刻意追求曲折变化,加之地形的盘迴起伏,作为连接各景区、空间的路,自然也是忌直而求曲的。《园冶》中曾有"不妨偏径,顿置婉转"的说法,其它如"路径盘蹊"、"蹊径盘而长"等对于园林路径的描绘,都不外强调唯有"曲径"方可"通幽"。

桥,实际上就是跨越水面的路,理应与路一律,忌直而求曲。例如做成"之"字形、五折、七折乃至九折等形式。若着眼于功利,虽极不合理,但对于园林来讲,却趣味盎然。

墙垣,这也是构成园林空间所不可缺少的要素之一,每每也随地形的变化而呈曲折起伏的形式。例如江南园林中所常见的"云墙",不仅平面随弯就直,而且立面也具有起伏和变化,以它来分隔空间,不仅可以加强其曲折性,而且还可以引起强烈的动势感。巧妙地借助于这种动势,尚可起空间导向的作用。

高低错落

［图49—52］

　　和蜿蜒曲折相联系的是高低错落，这两者都异常明显地体现在园林建筑的群体组合之中。蜿蜒曲折主要是从平面的角度来看；高低错落则主要是从竖向的角度来看。既蜿蜒曲折，又高低错落，园林建筑的变化就更加丰富有趣了。如果说一般的建筑为使建造方便多选择在平地上盖房子，园林建筑则不然，为求得天然情趣，常选择在依山傍水或地形有起伏变化的地方建园。《园冶》相地篇中把山林地放在首位，并说"园地唯山林最胜"，所强调的正是这一点。某些私家园林，由于地处市井，无天然地形可资利用，但尽管如此，也千方百计地以人工方法堆山叠石、引水开池，从而改变原有地形以使之具有起伏变化。大多数园林建筑正是在这样的环境中建造的，为使建筑与地形环境协调一致，历来就强调必须顺应自然，随高就低地安排建筑。然而，正如前一节所提出的，我国传统建筑主要是借廊的连接而形成群体的，因而要随高就低地安排建筑，关键依然在于廊的运用。

　　幸好，园林建筑中的廊，由于结构简单，构件尺寸小，组合灵活，因而不仅从平面上讲可以任意转折，而且从高程上讲还可以起伏自如地做成各种倾斜度不同的"爬山廊"，这样的廊——作为群体组合的连接体，可谓毫无逊色地起着"万能接头"的作用，借助于它便可把极简单的单体建筑组合成为既曲折多变又参差错落的建筑群。例如北海濠濮间建筑群，共包括四幢建筑，除主体建筑体量较大并采用卷棚歇山屋顶外，其余三幢建筑不仅大小相近，而且均取三开间硬山屋顶形式，若不是地形有起伏变化，必然是单调乏味的。但正是由于顺应地形的起伏而用曲尺形的爬山廊把各建筑连接成为整体，不仅平面蜿蜒曲折，而且从竖向看还具有高低错落的变化。再如颐和园画中游建筑群，呈严格对称的布局形式，园林建筑的特点本来体现得是很不充分的，但仅仅由于中央部分随着地形的变化而以既曲折又有起伏变化的爬山廊来连接各亭、台、建筑，方使严肃的气氛大大地减弱。

以爬山廊连接各单体建筑的北海濠濮涧

以爬山廊连接各单体建筑的北海琼华岛某建筑群

除呈倾斜形式的爬山廊外，还有另一种形式的廊子可以随地形的起伏变化而用以连接高低错落的建筑，这种形式的廊子外观呈阶梯形，故称跌落游廊。和爬山廊相比，跌落游廊自身的外轮廓线就具有高低错落的变化和鲜明的韵律节奏感，所以它特别适合用于地处山林地带的某些皇家苑囿。例如北海琼华岛上的某些建筑群以及承德离宫中的梨花伴月、秀起堂等建筑群，都因使用了这种形式的游廊而倍增了园林建筑的情趣。

江南一带私家园林多居市井或城郊，不仅规模有限，而且从地形上看也不可能有多少起伏变化。但尽管如此，造园家也多不屈从于客观现状的限制，而总是千方百计地以人工方法堆山叠石，并使之"有高有凹，有曲有深，有峻而悬，有平而坦"，继而则"培山接以廊房"；或使"亭台突池沼而参差"；或使"楼阁礙云霞而出没"，总之，均极力避免平板单调，而力求具有高低错落的变化。比较典型的例子如苏州畅园，这是一个规模极小的宅旁园，和宅基一样，本处于平地，但为求得高低错落的变化，却在园的西南一隅以人工方法堆筑山石，并在其上建一六角亭，再用既曲折又有起伏变化的游廊与其它建筑相连，惟其地势最高，故题名为待月亭。再如扬州小盘谷，虽规模有限，但却在园内适中部位堆叠假山，并建亭于其上，复以曲廊、云墙相连，从而破除了平板单调的感觉，使建筑物的外轮廓线具有起伏错落的节奏变化。

以上主要是以两个小园为例，来说明园林建筑对于高低错落的渴求。类似这样的情况可以说俯拾皆是，特别是大、中型园林，以人工改造地

以跌落游廊连接各单体
建筑的北海某建筑群

形的风气更盛，高低错落变化的幅度也更为显著。例如拙政园中部景区的见山楼，为一两层楼阁建筑，楼上、下均有游廊与之相通，特别是通往二层的爬山廊，随基势起伏，任高低转折，实为它处所罕见。

除皇家苑囿外，某些寺院园林也有极好的自然地形可资利用。这是因为有许多寺院多建于自然环境极为幽静的山林地带。这样的寺院园林，如果能够巧妙地与地形相结合，也必然会高低错落而自成天然之趣。例如杭州的虎跑寺，虽然没有用游廊来连接建筑，但仅仅依靠顺应山势的起伏来布置建筑，并以墙垣、踏步、道路等为媒介，把各单体建筑组合成建筑群，同时还形成一系列的空间院落，这样，也能使人感到参差错落而变化无穷。再加上葱茏的树木和星罗棋布的水池的衬托，其园林气氛则更加浓郁。

仰视与俯视

[图53—57]

园林建筑既然讲求利用自然地形的起伏或以人工方法堆山叠石以使之具有高低错落的变化。人在其中必然会时而登高，时而就低。登临高处时不仅视野开阔，而且由于自上向下看，所摄取的图象即今所谓的鸟瞰或俯视角度；反之自低处向上看，则常可使人感到巍峨壮观，这时所摄取的图象即为仰视角度。还有一种情况，即处于适中的高度，这时既可向上摄取仰视图象，又可向下摄取俯视图象。在园林建筑中如果能够自觉地利用视高的变化来配置景物，无疑可以收到人们所意想不到的效果。关于这一点，由于透视学在我国的发展比较晚，所以古人很少用透视学的观点来论及景物的配置。但仅凭直观经验还是意识到应当利用视高的变化来谋求仰视或俯视的效果。例如《园冶》所说："楼阁之基，依次定在厅堂之后，何不立半山半水之间，下望上是楼，山半拟为平屋，更上一层，可穷千里目也"，所阐明的，正是这种因视高改变而产生的效果。

当然，就视高改变而产生的仰视或俯视的效果变化来讲，并不限于某一楼阁的设置，而是涉及到整个景区的布局和建筑组合，特别是各建筑物之间的相互关系处理。如果考虑得周到、巧妙，常可随着视高的变化

自低处仰视静心斋北部景区中的六角亭

而摄取各种有趣的画面构图。例如北海静心斋北部景区，由于大量堆筑山石，至使地形具有极其丰富的起伏变化，园内各种亭、台、楼、阁、建筑又依位置不同而分别处于不同的高程，这时便可借视高的改变而获得多种多样的透视角度——有的因自下向上看仰视效果，巍峨壮观；有的因自上向下看俯视效果，历历在目；或处于适中的高度，同时兼有以上两种效果。

除少数为帝王服务的大型皇家苑囿外，一般的园林建筑多不追求巍峨壮观的仰视效果。但却不排斥在一定条件下可借仰视角度来加强某些局部景观的视觉效果。例如园林中的亭，按《园冶》所说："高方欲就亭台"，一般多建于地势比较突起的高地上，这时所得到的便是仰视效果。这样的亭，不仅外轮廓线十分突出，而且由于翼角起翘"如鸟斯革，如翚斯飞"，反能加强它的轻巧感。如果把亭建造在低处，便很难取得这种"有亭翼然"的效果。由此可见，《园冶》强调"高方欲就亭台"之说，并非出于偶然，而是来自造园家长期的经验积累和深刻的艺术感受。

此外，某些楼阁建筑，也常建造在较高的地段之上。这有的是为了"迎先月以登台"的需要；有的也兼或有炫耀富丽堂皇的意图。例如颐和园的佛香阁，作为皇家园林，为了显示其豪华，便建造在重重高台之上，自下仰视确有气势磅礴和巍峨壮观的气势。一般的园林建筑，虽然建楼阁于高处，即使有"凌云霄之上"的感觉，但也无非是为了求得一点气势轩昂的效果，例如无锡惠山的云起楼就是这样。

仰视与俯视两者的关系是可以互为变换的。例如建在高处的亭台，若自下方看固然可以获得极好的仰视效果，反过来讲，若从这里往下看，同时也可以居高临下地俯视周围景物。"高方欲就亭台"之所以成为园林建筑立基的一条重要指导原则，正是因为它不单是为仰视创造了必要的条件，而且还因为它同时又为俯视提供了理想的场所。在许多场合下甚至主要还是由于俯视的考虑。例如台的设置，单就台本身而言，既形不成空间，又不具有象样的体形，所以从被看的角度来讲，其景观价值是甚微的。但由于多建在高处，故登临其上，便可鸟瞰园内景物。从这一点看，台的设置似乎主要还是为了取得良好的俯视效果。例如故宫乾隆花园的第一进庭院，在院的东侧假山顶上建有一台，台本身极平淡，很不

自高处俯视六角
亭及静心斋

期造成宏伟壮观的气氛，而是尽量借自然山水来抒发朴素、淡雅和恬静的情趣。但尽管没有建造象排云殿、佛香阁那样宏伟高大的建筑群，却也十分重视借自然地形的变化在西部山区若干制高点上设置风景点如锤峰落照、南山积雪、四面云山等，这些风景点只不过是一座亭子，虽有一定景观作用，但主要还是利用它的地势而居高临下地俯瞰周围景色。关于这一点，可从"景"的命题得到证明。例如"南山积雪"，位于园的北部制高点上，它的命题主要是来自观赏南部山区雪景所产生的感受，这实际上也是一种登高望远的俯视效果。再如锤峰落照，位于山区东南部的制高点上，是欣赏山庄全景的最佳处所。从这里俯瞰东南，湖区景物历历在目。从这里还可以极目眺望远方的普宁寺、安远庙、普乐寺及其周围的山景，尤其是棒锤峰，每当夕阳西下，落日余辉独映其上，光采更加夺目，"锤峰落照"即由此而得名。和"南山积雪"一样，这里也

引人注目，但循踏步盘迴而上，却可俯瞰全院景物。此台的设置，目的性很明确，就是为了居高临下地俯视院内的景物。除亭台外，园林中一切制高点如假山、楼阁、刹宇等，凡是人可以到达并登临其上的，只要位置选择巧妙，均可借以获得良好的俯视效果。

唐代诗人王之涣《登鹳雀楼》的诗句："白日依山尽，黄河入海流，欲穷千里目，更上一层楼"，生动地描绘出登高后极目眺望时因视野开阔而产生的豪放心情，这也是属于俯视所产生的一种特殊的意境。但这种场面对于江南一带多处市井的私家园林来讲，几乎是不可能得到的。然而对于北方皇家的大型苑囿来讲则完全可以变为现实。例如颐和园，不仅占地广，而且园内的万寿山又颇具规模，特别是南临辽阔的昆明湖，西以西山为屏障，自然风景十分优美。利用这种有利的自然地形，筑高台，建楼阁，不仅可以获得气势磅礴和巍峨壮观的仰视效果，而且登临台上又可以居高临下极目环顾漫无边际的大自然景色，从而顿感胸襟开阔。

和颐和园一样，承德离宫也属大型皇家苑囿，但由于设计指导思想不同，这里却没有采用以人工方法来筑台建阁，以

自北海琼华岛俯视团城及中南海

自六角亭俯视静心斋北部景区

是因为居高临下才得以借俯瞰角度而获得极好的观景效果。

渗透与层次

[图58—65]

在起伏与层次一节中曾就建筑立面和体形凹凸关系处理作过一些讨论，所涉及的主要是实体的层次变化；这一节所着重讨论的则是空间的层次变化问题。

追求意的幽雅和境的深邃是中国古典园林的重要特点之一，"庭院深深，深几许？"的诗句所描绘的正是诗人对这种意境发自内心的一种感受。特别是江南一带的私家园林，由于在极为有限的范围内经营，为求得境的深邃，多不遗余力地以各种方法来增强景的深度感。前面提到的藏与露、虚与实、蜿蜒曲折等，从某种意义上讲都不外是为了求得含蓄、幽深所采取的手段。除此之外，利用空间的渗透也可借丰富的层次变化而极大地加强景的深远感。例如某一对象，直接地看和隔着一重层次去看其距离感是不尽相同的。倘若透过许多重层次去看，尽管实际距离不变，但给人感觉上的距离似乎要远得多。古典园林，特别是江南一带私家园林，都十分善于运用这种手法来丰富空间的层次变化，并借以造成一种极其深远和不可穷尽的幻觉。例如苏州的留园在运用空间渗透的手法方面就是十分卓越的，特别是它的入口部分空间处理，由于巧妙地利用了各种手段来分隔空间，于分隔的同时又使之相互连通、渗透，从而使空间显得格外深远。其它如石林小院一带，空间院落极小，建筑又十分密集，但由于若干空间相互渗透和层次变化异常丰富，却使人有深邃曲折和不可穷尽之感。

园林空间的渗透与层次变化，主要是通过对空间的分隔与联系的关系处理所造成的。例如一个大的空间，如果不加以分隔，就不会有层次变化，但完全隔绝也不会有渗透现象发生，只有在分隔之后又使之有适当的连通，才能使人的视线从一个空间穿透至另一个空间，从而使两个空间互相渗透，这时才能显现出空间的层次变化。这个道理与西方近现代建筑所推崇的"流动空间"理论十分相似，而在处理空间的分隔与联系的具体手法方面，则更是如出一辙。

江南园林，特别是苏州一带的私家园林，常借大量设置完全透空的门洞、窗口而使被分隔的空间互相连通、渗透，其效果十分卓著。例如留园的鹤所，呈敞厅（廊）的形式，它的东部临五峰仙馆前院，由于在这一侧的墙面上开了若干个巨大的、完全透空的窗洞，从而使被分隔的内、外空间有一定的连通关系，致使处在敞厅之内的人可以透过各个窗洞看到另外一个空间内的景物，这就是借空间的渗透而获得了层次变化与深度感的一个佳例。不过鹤所的例子仅能说明两个相毗邻的空间之间的渗透关系，它虽然可以获得层次变化，但也只限于两个层次，因而深度感还是有限的。过了鹤所向左至园的东部景区，空间的层次变化就更加丰富了。这里，借粉墙把空间分隔成若干小院，并在墙上开了许多门洞、窗口，人的视线可以穿透一重又一重的门洞、窗口而自一个空间看到一连串的空间，从而使若干个空间互相渗透，于是便产生极其深远、乃至不可穷尽的感觉。江南园林在很大程度上就是借门窗洞口的设置而显得无限深远的。

被分隔的空间本来处于静止的状态，但一经连通之后，随着相互之间的渗透，若似各自都延伸到对方中去，所以便打破了原先的静止状态而产生一种流动的感觉。西方近代建筑理论所推崇的"流动空间"说，和我国古典园林的实践可谓不谋而合！此外，西方近代建筑理论的另一重大发展即所谓"四度空间"论——把时间和空间当作不可分离的一体来对待。这也可以在我国古典园林的实践中找到相应的回音：这就是所谓的"步移景异"。"步移"标志着运动，含有时间变化的因素，"景异"则指因时间的推移而派生出视觉效果的改变。简单地讲就是只要人的视点一改变，所有景物都改变了原有状态以及相互之间的关系。这种现象本来是一种普遍存在的客观事实，为什么大肆渲染并当作近现代空间理论的一个重大发现呢？问题的关键就在于建筑师是否自觉地运用这一尽人皆知的事实来谋求效果。西方近现代建筑有胜于古典建筑的重要标志之一就在于它们自觉地这样做了。我国古典园林建筑的实践也足以说明当时的造园家早就这样做了。例如前面所分析的通过一重又一重的门洞、窗口自一个空间看另外一连串的空间，若视点静止不变，所能感受到的，仅是空间自身在流动，若视点由静止而运动，则所有的景物都随之处于相对位移的变化之中，这种变化连同空间的流动，常可引起人们极强烈的快感。古典园林之所以强调步移景异，正是基于这样的事实而把"动观"放在头等重要的地位。

以上仅就单独设置的窗口来分析空间渗透与层次变化所产生的视觉

留园中部景区连
续排列的窗景

效果。如若连续地设置一列窗口，其动观的效果则更加有趣。例如自狮子林立雪堂前院复廊看修竹阁一带景物，廊的西部侧墙上一连开了六个六角形的窗洞，透过这些窗洞摄取外部空间的图象，随着视点的移动时隔时透，忽隐忽现，各窗景之间既保持一定的连续性，又依次地有所变化，步移景异的感觉分外地强烈。

还有比这更富有变化的例子。如自留园入口向东经曲谿楼、西楼底层去五峰仙馆的那一段空间，既曲折狭长，又暗淡封闭，本来是会使人感到单调沉闷的。然而由于在临中部景区的一面侧墙上一连开了十一个门窗洞口，而且各个洞口无论在间距、大小、形状和通透程度上都不尽相同，每当穿过这条空间时，人们便可透过这一列富有变化的洞口来窥视外部空间的景物，不仅可以获得时隔时透，忽明忽暗，既有连续性又充满变化的印象，而且还因洞口的形式各异，而具有明显的韵律节奏感。

古典园林所谓的"对景"，实际上就是透过特意设置的门洞或窗口去看某一景物，从而使景物若似一幅图画嵌于框中。由于是隔着一重层次看，因而便显得含蓄深远，这种现象也应属于空间渗透的范畴。在古典园林中对景的手法运用得很普遍，形式也多种多样。比较常见的一种形式就是自门洞的一侧空间去看另一侧空间内的某一景物，典型的例子如自拙政园中枇杷园的内院透过圆洞门看雪香云蔚亭。如果不是隔着一重层次而是直接地看那个亭子，虽然距离不变，也将因为失掉层次变化而减弱其深远感。另外，没有圆洞门的框景作用，势必会使人感到平淡无奇。

对景的手法如果运用得巧妙，常可使两个景物互为对方的对景。例如拙政园西部景区的倒影楼和宜两亭就是这样，透过倒影楼的窗口可以看到宜两亭，反之，透过宜两亭的窗口也可以看到倒影楼。

此外，如有合适的条件还可以透过两重或更多的层次去看某一对象，这种对景关系不仅层次变化更丰富，而且所对的景物愈加显得含蓄深远。例如颐和园西南部石丈亭小院，院内耸立着一块山石，以此为对象，借着近处的圆洞门和远处的空廊便可构成一种对景关系，特别是透过空廊和圆洞门两重层次来看这块山石，其空间层次的变化尤为丰富。

与对景相似的手法还有框景和借景。框景也是透过一重层次去看某一景物，如果说对景所强调的重点在所对的景上，那么框景所强调的似乎稍偏重于框的处理，这就是说框的处理较富有变化。至于借景，一般系指把园外景色引入园内，而景，系泛指，并不限于某一确定的主题或对象，同时也不强调必须镶嵌于某种形式的框内。对景、框景和借景，都不外是把彼一空间的景物引入此一空间，因而都具有空间渗透的性质，同时也都有助于增强空间的层次感。至于具体处理，则因情况不同而千变万化，《园冶》所说："巧于因借"，关键正体现在一个"巧"字上。例如怡园西部螺髻亭，由于位置选择得很巧妙，不论是从南面的面壁亭来看或是从西面的旱船来看，都可以构成极好的框景关系。又如颐和园长廊西端的处理，由于巧妙地把西山、特别是把玉泉山的塔影引入园内，兼有借景和框景两重意义，加之通过右侧的圆洞门又可看到石丈亭院内的山石，可以说把借景、框景和对景三种手法合为一体。

使室内外空间相互渗透，特别是把室外空间的景物引入室内，也是古典园林所经常采用的一种手法。例如园林中的厅堂，不仅多处于园内

自颐和园看玉泉山塔影

主要景区，而且又多处理得十分开敞，因而便有充分的条件自室内透过开敞的槅扇而摄取园中——外部空间——景物，从而使内外空间相互渗透。由于是透过槅扇和廊来看，并且又是自较暗的室内向亮处看，不仅有丰富的层次变化，而且外部空间的景物还显得分外地绚丽、明快。例如自狮子林的五松园厅堂或荷花厅内向外看便可以获得上述的效果。

更有少数厅堂，前后檐均为开敞的槅扇。这时，人们甚至可以从侧透过厅堂看到另一侧的景物——视线先由外至内，再由内而及外，从而使更多层次的内外空间相互渗透，于是层次的变化就更加丰富了。例如

自网师园东侧水榭看月到风来亭

自网师园梯云室南侧看室内及其后院

自狮子林小方厅看后院山石

瞻园"哑叭"院处理

即使是利用廊的转折而形成的一些极小、极零星的空间或"哑叭院"，都有助于丰富空间的层次变化以增添无限的情趣。这种手法在江南园林中运用得最普遍，比较常见的形式有两种：一种是在墙的转角处使廊与墙相脱离以形成极小的空间院落；另一种是借依附于直墙的廊的转折而使之与墙相脱离以形成极小的空间院落，这种小院从功能上讲毫无意义，从形状上看又很不规则，有的甚至不得其门而入，故称"哑叭"院。但这种小院从视觉方面讲却可使视线有所延伸——沿着廊的走向延伸至廊以外。这样，将可使廊内、外的空间相互渗透，从而加强空间层次变化和深远感。

空间序列

[图66—73]

空间序列组织是关系到园的整体结构和布局的全局性的问题。有人把古典园林比喻为山水画的长卷，意思是指它具有多空间、多视点和连续性变化等特点。然而，山水画毕竟是借平面来表现空间的，而园林本身却是实实在在的空间艺术，所以它比山水画的构成要复杂得多，它不单要考虑到从某些固定的点（景）上来看可否获得良好的静观效果，而且还必须考虑到活动于其内的人，从行进的过程中能否把个别的景连贯成为完整的空间序列，进而获得良好的动观效果。

古典造园艺术的基本指导思想可以用"巧于因借，精在体宜"两句话来概括，为了不落窠臼，十分强调有法而无定式。正是在这种创作思想指导下，各个园，不分大小，都因条件不同而具有各自的特点。空间序列组织既然是涉及到园的整体结构和布局方面的全局性问题，似乎很难通过对于若干实例的分析而从中总结出什么共同的规律。然而，这也不意味着我们根本不能用分析的方法来探索古典园林的整体结构和空间序列的形成。尽管各个园的布局因条件不同而千差万别，但既然要形成整体就必然要遵循某些原则而把孤立的点（景）连接成为片断的线（观赏路线），进而把若干条线组织成为完整的序列。那么，究竟是什么因素左

网师园的梯云室就是属于这种情况：自前院的南侧透过前、后檐两重槅扇可以一直看到其后院内的景物，内外空间互相渗透，层次变化极为丰富。

园林中的廊，不仅可用来连接各单体建筑，而且还可以用它来分隔空间并使其两侧的景物互相渗透，以丰富空间的层次变化。例如一条透空的廊子若横贯于园内，原有的空间便立即产生这一侧与那一侧之分，随着两侧空间的互相渗透，每一侧空间内的景物都将互为对方的远景或背景，而廊本身则起着中景的作用。景既有远、中、近三个层次，空间便自然显得深远。古典园林利用空廊分隔空间以增强层次变化的实例俯拾皆是，特别是江南园林，虽规模有限，但却游廊纵横，于是便可给人以迷离不可穷尽之感。例如拙政园的小飞虹，作为架空的桥廊，既起分隔空间的作用，又可使两侧景物互相渗透，从而极大地增强了空间的层次变化。

右着园的布局和整体结构呢？最根本的因素就是观赏路线的组织。有什么样的观赏路线，就会产生与之相适应的空间序列形式。

通过对于若干园林的分析可以看出，随着园的规模由小到大，其观赏路线也必然是由简单而复杂。最简单的一种是呈闭合的、环形的观赏路线，一般的小园多根据这种形式的观赏路线来组织空间序列。例如苏州的畅园、鹤园，就是属于这种类型，颐和园中的谐趣园虽面积较大，但就布局来讲也同属于这种类型。这种类型的空间序列其主要特点是：建筑物沿园的周边布置，从而形成一个较大、较集中的单一空间；在多数情况下园的中央设有水池，建筑物均面向水池以期造成一种向心、内聚的感觉；主要入口多偏于园的一角，为避免一览无余或借山石遮挡视线，或特意设置较小、较封闭的空间以压缩视野，俾使进入园内主要空间时可借对比作用而获豁然开朗之感；进入园内经由曲廊引导沿园的一侧走向纵深处，为避免单调可视廊之长短点缀亭榭一二，既可加强吸引力，又可在此稍事停憩以观赏园景，过此至园内主要厅堂，不仅轩槛高爽，而且空间开阔，可一览园的全貌，从而形成高潮；过主要厅堂沿园的另一侧返回入口，建筑较稀疏，气氛较松弛，待接近入口处再小有起伏，进而回到起点。以上特点若用空间序列常用的术语可归纳为以下几个段落：开始段→引导段→高潮段→尾声段。

当然，正如前面已经指出的，古典园林的布局十分灵活，对于以上特点有的园可能体现得充分一些，有的则比较含混。可见，并非每一个园都可以机械地纳入到上述的模式中去。例如对于环形的观赏路线来讲，入园后总不可避免地会产生正转与逆转的矛盾，某些园的处理可以明确地把人引导至某一侧，另一些园则不甚明确。如果是属于后者，便分不出什么是引导段，什么是尾声段。在这种情况下既可正转也可逆转，两者的效果当无明显的差别。此外，其它各段的处理也不尽一律。但不论有多大差别，凡属这种类型的空间序列，终究还是包含有不少共同的特点。

另一种空间序列是按照贯穿形式的观赏路线来组织的。这种空间序列常呈串联的形式，和传统的宫殿、寺院及四合院民居建筑颇为相似，即沿着一条轴线使空间院落一个接一个地依次展开。所不同的是宫殿、寺院、民居多呈严格对称的布局，而园林建筑则常突破机械的对称而力求富有

自然情趣和变化。最典型的例子如乾隆花园，尽管五进院落大体上沿着一条轴线串联为一体，但除第二进外其它四个院落都采用了不对称的布局形式。另外，各院落之间还借大与小、自由与严谨、开敞与封闭等方面的对比而获得抑扬顿挫的节奏感。这种类型的空间序列由于具有比较明确的轴线，故在空间组织上没有设置引导段的必要。但为求得统一，还必须突出其中的某个主题，以期形成高潮。例如乾隆花园，就是借符望阁的高大体量而使得第四进空间院落成为整个序列的高潮的。过此之后还有一进院落，可视为序列的尾声。

乾隆花园虽然十分典型地体现了贯穿式观赏路线的特点，但总不免有些呆滞、死板，所以在园林建筑中，可以说是绝无仅有的孤例。大多数园林建筑均忌轴线引导而力求曲折变化。例如北海濠濮涧，从观赏路线看也属于贯穿的形式，但其布局则充满了曲折、起伏和开合等变化。其它如苏州怡园，就整体而论，它的空间序列组织也属串联的形式，但与前两例相比，变化就更加复杂了。由此可见，同属一种类型的观赏路线，其空间序列的形式却可以有极大的差别。

还有一种空间序列其观赏路线呈辐射的形式，例如北海的画舫斋就是一个比较典型的例子。这种空间序列的特点是：以某个空间院落为中心，其它各空间院落环绕着它的四周布置，人们自园的入口经过适当的引导首先来到中心院落，然后再由这里分别到达其它各景区。中心院落由于位置比较适中，又是连接各景区的枢纽，因而在整个空间序列中占有特殊地位，若稍加强调，便可成为全园的重点。例如画舫斋，以四幢建筑及连廊形成的水庭，位置适中，方方正正，通过它又可分别进入其它各从属小院，因而它理所当然地成为整个序列的高潮。其它各小院，或曲折，或狭小，或富有自然情趣，不仅与中心庭园构成强烈的对比关系，而且也可视作中心部分空间的扩展或延伸。特别是后部的一进院落，更可当作序列的尾声。

另一个例子如杭州黄龙洞，作为寺院园林它的主体部分空间序列与画舫斋颇为相似，也具有辐射形式的特点。但毕竟因为是寺庙建筑，它的重点和高潮——最具有吸引力的庭园空间——却不在中心部位，而在中心庭院的一侧，并与中心庭园保持良好的连通关系。此外，由于入口山

39

门距中心部分甚远，所以必须加以引导才能顺利地到达建筑群的中心。因而，在入口之后又插进了一条既长又曲折的引导段。

某些大型私家园林，如苏州的留园，其空间组成异常复杂，就整体来看几乎很难找到一条明确的观赏路线以及与之相适应的空间序列。但是尽管如此，我们还是可以把它划分成为几个相互联系的"子序列"，而这些子序列也不外分别采用或近似于前述的几种基本序列形式。如留园，其入口部分颇近似于串联的序列形式；中央部分基本呈环形序列形式；东部则兼有串联和中心辐射两种序列形式的特点。由此看来，某些大型园林实际上所采用的是一种综合式的空间序列形式。

既然没有一条确定的观赏路线贯穿于全园，那么各子序列之间也就没有孰先孰后的关系可言。加之园的规模大、空间组成复杂，特别是我们传统习惯的随意性，人们自然可以随便地徘徊于园的各个部分。所以这样的观赏路线便带有往复、迂迴、循环和不定等特点。然而，中国古典园林的妙处正在于它的不定性——一切安排若似偶然，也从不强使人必须按照某种程式行事，但不论你何去何从，都能于不经意之中得到最大的满足。例如留园，可以说有多种多样的观赏路线可供选择，并且不论沿着哪一条路线来观赏，都能借大小、疏密、开合等的对比与变化而使其具有抑扬顿挫的节奏感。但是其中可能有那么一、两条路线或许因为更合乎空间序列的逻辑而尤其使人流连忘返。例如：进至园门后，先经过一段曲折、狭长、封闭的小空间，使人的视野极度收束；至古木交柯处路分两头，可西可东，但借空间的引导舍东而西，待到达绿荫时空间豁然开朗，精神为之一振，从这里环顾中部景区，情不自禁地为曲谿楼、西楼高大华丽的外观所吸引，再自西而东地返回古木交柯，复向东经一段较封闭、狭长的窄巷来到五峰仙馆前院，从而又经历一收一放的变化；继续向东穿过石林小院一连串小空间，视野再一次收束，待过林泉耆硕之馆（鸳鸯厅），不论向北或向南都因空间的扩大而再次获得开朗的感觉，特别是到冠云楼前院，景观变化尤为丰富；至此，经曲廊向西既可直接返回园的中部景区，又可绕过园的北部景区而到达园的西部景区，但不论沿哪一条路线都必然要经历一程景观组织得较稀疏的空间而使视觉处于松弛状态；待回到中部景区，情绪再度兴奋，至此完成了一

个循环。

当然，除上述路线外，并不排斥沿其它各条路线进行观赏也可以获得良好的效果。所以，仁者见仁，智者见智，正是中国古典园林所具有的特色——包容性和不定性。

某些较大的私家园林如扬州何园，不仅分东、西两个部分，而且除在其北部设有主要入口外，还在东、西各设一个次要入口（东部入口系新设）。这种情况也会使观赏路线变得十分复杂。但从现实的情况看，似乎不论从哪一个入口进园，都能依次摄取一幅幅既连续又充满变化的图景。例如从北门入口，既可向东又可向西，特别是向西，有两种走向可以选择：一是穿过夹巷从东南角进入西部景区，然后按顺时针方向绕景区一周；另一种是自北门入园后随即向右拐进西部景区，并按逆时针方向绕景区一周，以上两种走法虽循同一途径但方向却正相反，然而都能获得良好的效果。

从何园的整体看，若从北门入园，东西两部分景区呈并连的形式，带有辐射式观赏路线的特点；而自东或西两入口进园，空间序列则呈串联的形式；至于西部景区则十分典型地表现出环形空间序列的特点，这种情况和留园相似，同属综合性的序列形式。

拙政园的情况就更加复杂了。该园系由旧时三个互相独立的园所组成，经一再改建始成现今的状态。这样的园很难有一条既连续又脉络分明的观赏路线，好在园的中部仍大体保留原来的旧貌，西部虽变动较大，但看来在改建中还是考虑到与中部的合理联系，所以即使从现状看也找不出明显的破绽。至于东部，和旧时比已面貌全非，这里似无分析的必要。

拙政园的布局虽变化多端，使人捉摸不定，但若就中、西两部分自身而言，仍可归并在环形空间序列的范畴之内。特别是西部，除个别亭榭外，大多数建筑均沿着园的周边布置。中部的情况较复杂，由于某些建筑自成一体或形成为园中园，所以沿周边布局的特点似不明显。加之园的主要入口设在正南，且左右两侧又设旁门分别与东、西两部相通，所以显得头绪繁杂，条理不清。但若撇开与东、西两部分的联系不论，仅就中部景区自身而论，它的绝大部分建筑还是沿着园的四周布置，并形成一个环状的空间序列。只是由于主要入口设在正南，而又处于适中的部

位，所以入园后便可西可东，若向西则按顺时针方向绕园一周；若向东则按逆时针方向绕园一周，这样，就形成了两条互逆的环形观赏路线。自南门入园后，由于西面（小飞虹一带）的景观变化丰富，而又有游廊与之相通，与东面（枇杷园）相比其吸引力要大得多，这种情况表明沿顺时针方向进行观赏或许能够获得更好的效果。

自别有洞天进入园的西部后，也可循两条互逆的环形路线进行观赏，其情况大体与中部情况相同。

大型皇家苑囿，不仅占地广而且园内还往往按照地形特点而划分为山岳、湖泊、平原、建筑等区域。不言而喻，其观赏路线和空间序列的组织又远较私家园林复杂而多变。此外，由于规模大，风景点多，且又分散布置于各处，所以远非按照某种固定的路线可以有条不紊地来观赏各个风景点。但是作为帝王的苑囿，为满足处理朝政、生活起居、宗教祭祀以及游乐等各种要求，它的主体部分景区的布局又往往呈现出某种合理的联系和条理性。据此，便可以设想出一条脉络比较清晰的观赏路线和空间序列。例如颐和园，它的主要风景点多集中于万寿山南北两侧，尤以南侧为多，因而可以说它的主要观赏路线为一绕万寿山南北两麓的环形路线。入口位于东端，作为序列的开始，由一系列四合院所组成，过仁寿殿，出玉澜堂前院来到昆明湖畔，空间豁然开朗；由此向北至乐寿堂前院，空间又处于收束状态；再往西过邀月门便进入长廊的东端；经长廊的引导一直往西便可到达排云殿建筑群，由此登山即达全园制高点——佛香阁，从而进入高潮；由这里返回长廊继续往西，历经云松巢、画中游等风景点便来到万寿山的西端；过此至万寿山北麓（后山）借气氛对比而顿觉幽静；至后山中部又可登上须弥灵境（已毁），再次形成高潮；返回山麓沿后湖最终来到谐趣园，似乎是序列的尾声；由此向南可回到序列的起点——仁寿殿，至此，便完成了一个循环。

堆山叠石

［图 74—84］

堆山叠石在我国传统造园艺术中所占的地位是十分重要的。园，不分南北、大小，几乎是凡有园，必有山石。所以有人认为山石应与建筑、水、花木并列，共同作为构成古典园林的四大要素之一。

园林中的山石是对自然山石的艺术摹写，为此，又常称之为"假山"。它不仅师法于自然，而且还凝聚着造园家的艺术创造。因而，与一般自然山石不同，园林中的山石除兼备自然山石的形神外，还可以具有传情的作用。《园冶》所说："片山有致，寸石生情"就是这个意思。古典园林

扬州个园春石

扬州个园夏石

扬州个园秋石

扬州个园冬石

常借山石而抒发情趣，可能是受到绘画的启迪，宋代著名山水画家郭熙在《林泉高致》中对山石的描绘："春山艳冶而如笑，夏山苍翠而如滴，秋山明净而如妆，冬山惨淡而如睡"，很能说明寄情于物的移情作用。无独有偶的是，扬州个园也有以山石为景而分别象征春、夏、秋、冬四时景色的做法，所不同的是：前一种情况属于画家对于自然山石的艺术感受，是由客观到主观的过程，后一种情况则是造园家借物传情，是从主观返回到客观的过程。当然，以上分析是基于这样的事实：即个园的叠石构思确实是出于造园家的原意，若系后人附会，则又当别论了。不过即使是这样，至少也可以说明山石确有某种传情作用，如若不然，就连附会也不会有人相信的。

虽然说山石可以具有传情的作用，但是在多数场合下，人们对于山石的欣赏主要还是限于它的形式美。从这种意义上讲山石所起的作用颇近似于近代流行的抽象雕塑。

《园冶》掇山篇中把山石分成为若干种类型，其中有一种称之为"厅山"，顾名思义，就是在厅堂的前院中掇山石。由于院落较小，空间有限，按《园冶》所说，厅山一般较适合于"稍点玲珑石块"，而不宜搞得复杂、拥塞。这就是说，要少而精，要突出重点、主题，要以一两块形质优美的石峰作为主体来点缀庭园空间。这种掇山的手法又称之为"特置"，特置的石峰其作用更接近于抽象的雕塑，惟其鹤立鸡群，所以必须具有优

留园冠云楼前的冠云峰

42

美造型和良好的质地。如果用传统的标准来衡量，就是要附合于透、漏、瘦、皱的原则。此外，还应当上大下小，"似有飞舞势"。

特置的石峰，可以是一块，也可以是两三块，若是两、三块，还应分出主从。否则便可能造成"环堵中耸起高高三峰，排列于前，殊为可笑"（《园冶》厅山）的局面。

特置的石峰常因形象生动、优美、突出而成为景区的主题。例如留园冠云峰、石林小院、怡园拜石轩等即是因石而得名。

在较小的庭院内掇山叠石，还有一种常见的手法即是在墙中嵌理壁岩。如《园冶》所云："峭壁山者，靠壁理也。籍以粉壁为纸；以石为绘也。理者相石皴纹，仿古人笔意，植黄山松柏、古梅、美竹，收之圆窗，宛然镜游也"。中国古典园林刻意追求诗情画意，这便是最好的佐证。江南园林类似这种处理屡见不鲜，有的嵌石于墙内，犹如浮雕，有的虽与墙面脱离，但却十分逼近，效果与前者同，均以粉墙为背景而肖似一幅古朴的图画。特别是透过特意设置的门窗洞口去看，其画意则更浓。

如前所述，在一般情况，对于规模较小的庭院空间来讲，多以稀疏散落的石块加三五玲珑透剔的石峰来点缀，便可获得良好的效果。但也有少数庭院虽范围有限，却以大规模的堆山叠石作为庭院空间的主题和核心，从而借有限空间与山石的对比，以期造成咫尺山林的气氛。例如故宫中的乾隆花园的第三、第四进院落就是属于这种情况。不过这样的庭院单就它本身来看，总不免有几分拥塞的感觉，故很少被采用。只是在相邻的空间院落比较开敞的情况下偶一为之，则可借封闭与开敞的对比以求得气氛上的变化。例如乾隆花园，它的第二进院落——遂初堂前院——就是一个比较开敞的四合院，由这里穿过遂初堂进到第三进院落——萃赏楼前院，由于山石林立，直逼檐下，举首仰望，确有咫尺山林的气氛，前、后两院的对比异常强烈。

对于某些较大的庭园空间来讲，即使峰岩嶙峋，沟壑纵横，只要蹊径脉络分明，不仅可深得山林野趣，且不致有凌乱、局促之感。例如狮子林指柏轩前院和沧浪亭中心部分景区，都是以大规模的堆山叠石作为主题的。除狮子林因为洞壑过于盘迴而略嫌拥塞外，总的看来山林的气氛还是十分浓郁的。

山石除可以作为景观的主题以点缀空间外，尚可起分隔空间和遮挡视线的作用。

对于大型园林空间来讲，为避免空旷、单调和一览无余，通常可借山石把单一的大空间分隔成若干较小的空间。借山石分隔空间与利用建筑、墙垣分隔空间，其目的虽然一样，但效果却不尽相同。山石无定形，虽由人作，但毕竟属于自然形态的东西，凡以山石分隔空间，通常都可使被分隔的空间相互连绵、延伸、渗透，从而找不出一条明确的分界线；而以人工建筑为界面分隔空间，则彼此泾渭分明。两者相比虽各有特点，但前者似乎更能以不着痕迹的方法把人由一个空间引入另一个空间。例如拙政园中部景区，借山石把单一的大空间分隔成为前后两个狭长的空间，前部空间景观内容集中，变化丰富，后部空间则十分幽静，这样处理不仅增强了空间层次变化，而且特别由于中部有沟壑相通，所以还显得曲折深邃。再如留园中部景区，同属于大型园林空间，若不加以分隔，势必会流于空旷、单调。在这里，也是借山石的堆叠而把空间一分为二的。

利用山石还可以起类似影壁那样的遮挡视线的作用。为使内部生活起居深藏而不外露，传统四合院民居建筑均在入口处设置影壁，借以遮挡视线。园林建筑也是这样，为了求得含蓄幽深，也每每在入口处通过各种处理或使之迂迴曲折，不能径直地由外而内，或借山石为屏障以阻隔视线，使之不能一览无余。此外，园内各景区、小院之间，虽同处一园，但为了使景藏而不露，也极力避免从外部可以直接看到内部，为此，也时常在入口之内堆叠山石，如同屏风一样，可起遮挡视线的作用。例如拙政园的入口处理，进腰门后，怪石嶙峋，苔藓斑驳，犹如一道翠嶂横在眼前，倘无此山石，园内景色悉入目中，含蓄深邃之感便失之殆尽。又如乾隆花园遂初堂庭院，虽属园内的一个局部小院，但也在入口处设置了山石，并借以起遮挡视线的作用。

利用山石作为界面，还可以用来形成园林空间。例如某些依山建筑的园林，常可部分地运用建筑、部分地利用较为陡峻的山坡或峭壁共同围合成较为封闭的庭院空间。即使无天然地形可资利用，也可借人工堆叠的山石作为界面而与建筑相配合共同形成庭院空间。前一种情况如杭州黄龙洞，主要庭园空间位于寺庙的一侧，平面近似于直角三角形，两个直角边系以建筑为界面，而斜边则以极为陡峻的峭壁为界面而共同围合成空间的。山上修竹滴翠，花木葱茏，极富自然情趣。后一种情况如南京瞻园，位于市井之内，无天然地形可资利用，但它的后部庭院空间仅有一半（东、南）系以建筑为界面，而另一半（西、北）则以人工堆叠的山石为界面共同围合而成。由于综合运用两种不同的要素为界面，从而使所形成的空间既富人工美，又不乏自然情趣。更有少数园林，它的庭园空间主要都是借人工堆筑的山石所形成的。例如北海濠濮间，其主要庭院空间位于建筑群之北，除南面很短的一段以建筑为屏障外，其余均以人工堆筑的山石为界面而形成不规则平面的空间，自然情趣极为浓郁。惟山势较平缓，空间感略嫌不足。

利用山石还可以堆叠成各种形式的磴道，这也是古典园林中富有情趣的一种创造。古典园林既然讲求顺应地形、随高就低地安排建筑，园内自不免"有高有凹，有曲有深，有峻而悬，有平而坦"。为使攀登方便，必然要设置台阶或磴道，但是一般的台阶显然过于整齐，很难与园林中的其它要素保持统一和谐的关系。

而以山石堆叠成的磴道，则可随地形变化而任意转折起伏，若处理巧妙甚至还能与假山浑然一体，成为假山的一个组成部分。古典园林通常就是借各种形式的磴道与路径相配合，不仅有效地解决了园内的交通联系问题，同时还大大地增强了空间的曲折性。此外，以山石堆叠的磴道还可以取代建筑物的室内楼梯，从而使人可自

瞻园北部景区

借山石以界定空间

以山石砌的
驳岸及磴道

室外经磴道盘迴而上，直接登上楼层。这种手法不仅常见于造园实践，而且在《园冶》掇山篇中也曾提及："阁皆四敞也，宜于山侧，坦而可上，便以登眺，何必梯之"。这种处理不仅使建筑与山石结合更加自然、紧密，而且通过磴道为媒介，尚可使内外空间直接连通，从而使建筑与自然环境融为一体。

借堆山叠石，不仅从外部看可以再现大自然界的峰峦峭壁，并使之具有咫尺山林的野趣，而且从内部讲还可以形成虚空的沟涧洞壑，从而造成盘迴不尽和扑朔迷离的幻觉。为此，凡规模较大的堆山叠石，多同时着眼于这内、外两方面的处理，以期把实的峰峦峭壁与虚的沟涧洞壑巧妙地结合为一体。例如苏州环秀山庄，作为私家园林其规模是不大的，然而就在这样有限的空间内，竟然能够使人感到曲折不尽和变幻莫测，实有赖于巧妙地借堆山叠石而使山池萦绕，蹊径盘迴，特别是峡谷、沟涧纵横交织和洞壑的曲折蜿蜒。在规模较大的园林中，以山石形成的洞壑，不仅从平面上看极尽迂迴曲折之能事，而且从高程上看还力求迴环错落。人在其中犹如置身迷宫，时而登临峰峦之颠，时而沉落于幽谷之底，自下往上看峰峦叠嶂，自上往下看沟壑盘纡，身临其境，真像是走进了深山峻岭。

山石还可以用作水池的驳岸。追求自然曲折作为古典园林的基本特征之一，几乎贯穿于造园手法的一切方面。例如园林中的水池，一般都取不规则的形状，不仅如此，连池岸处理也务求曲折而忌平直。为此，多以山石做成驳岸，或使山与池相结合而形成"山池"。以山石做成驳岸既可加固岸基，但尤为重要的则是可以利用山石的自然形态而呈各种犬牙交错的形式。这样，在水、陆之间就似乎有了一种过渡，而不致产生突然、生硬的感觉。驳岸处理一般应遵循：转折要自然；石块的大小和形状应搭配巧妙；要大小相间，疏密有致，并具有不规则的节奏感等原则。

庭园理水

[图85—91]

和山石一样，水，也是构成古典园林的基本要素之一。不论是北方皇家的大型苑囿，或是小巧别致的江南私家园林，凡条件具备，都必然要引水入园。即使受条件所限，也无不千方百计地以人工方法引水开池，以点缀空间环境。水，对环境究竟有什么影响呢？和山一样，水也是大自然的景观之一，久远以来，便以它的妩媚而深深使人陶醉，所以它一直是诗人、画家所响往的题材。宋代画家郭熙在《林泉高致》中指出："水，活物也，其形欲深静，欲柔滑，欲汪洋，欲迴环，欲肥腻，欲喷薄……"，极为详尽地描绘了水的多种多样的情态。

园林用水，从布局上看可分集中与分散两种形式；从情态上看则有静有动。集中而静的水面能使人感到开朗宁静，一般中、小型庭院多采用这种用水方法。其特点是：整个园以水池为中心，沿水池四周环列建筑，从而形成一种向心、内聚的格局。采用这种布局形式常可使有限空间具有开朗的感觉，所以它尤其适合于小型庭院。至于水池本身的形状，除个别皇家苑囿中的园中园采用方方正正的平面外，绝大多数均呈不规则的形式。采用前一种形式的如北海画舫斋，由于水池充满了整个庭院，因而便没有余地来种植花木，加之平面过于方正，这样的水院虽开朗宁静，但总不免有几分空旷、单调。采用后一种形式的如苏州畅园、鹤园、

网师园和颐和园中的谐趣园等，虽也以水池为中心，但由于水池和建筑物之间或多或少地留有空隙，因而便可借以种植花木或堆叠山石，从而使庭院空间富有自然情趣。

还有一些园，虽也属集中用水，但却使水池偏处于庭院的一侧，这样便可腾出大块面积供堆山叠石并广种花木，从而形成一种山环水抱或山水各半的格局。一般地讲这种布局方法较适合于大、中型庭院，如苏州艺圃和留园中部景区就是属于这种情况。

集中用水的原则也同样适用于大型皇家苑囿，例如北海颐和园以及圆明园中的福海，就是大面积集中用水的典型。《园冶》所谓"纳千顷之汪洋，收四时之烂熳"的情景只有在这样的大园中才有领略的可能。但由于水面过于辽阔，却不能像中、小型庭院那样采用以建筑包围水面的布局方法，恰恰相反，常以水面包围陆地以形成岛屿，然后再在岛的四周环列建筑，于是便自然地形成一种离心和扩散的格局。这种情况和史料上所记载的汉、唐宫苑形制——设太液池，池中以土石作蓬莱、方丈、瀛洲诸山，山上置台观殿阁——多少有些相似。不过从北海和颐和园两例看来，湖中之岛均偏于一侧，这样就把水面划分为大小极为悬殊的两个部分，大的部分异常辽阔开朗，小的部分则曲折幽深，两者对比颇为分明。特别是颐和园，由于对比极其分明，遂使后山显得格外幽静，同时又反衬出昆明湖——大面积集中用水——的浩瀚无垠。

和集中用水相对立的则是分散用水。其特点是：用化整为零的方法把水面分割成互相连通的若干小块，这样便可因水的来去无源流而产生隐约迷离和不可穷尽的幻觉。某些中型或大型私家园林就是以这种方法而给人以深邃藏幽的感觉。分散用水还可以随水面的变化而形成若干大大小小的中心——凡水面开阔的地方都可因势利导地借亭台楼阁或山石的配置而形成相对独立的空间环境；而水面相对狭窄的溪流则起沟通连接的作用，这样，各空间环境既自成一体，又相互连通，从而具有一种水陆萦迥，岛屿间列和小桥凌波而过的水乡气氛。属于分散用水的实例很多，比较典型的有南京瞻园，北海静心斋和苏州拙政园。例如瞻园，以三块较小而又相互连通的水面代替集中的大水面，从而形成三个中心，第一个水面较曲折而富有变化；第二个水面较开朗宁静；第三个水面虽小

45

采用分散用水的拙政园水景

但却幽静，三者虽相对独立，却又借溪流连成一体，于是便使人感到幽深。北海静心斋借水面变化所形成的中心更多、更曲折而富有变化。至于拙政园，虽然多中心的感觉不甚明显，但借水陆萦迴所造成的深邃藏幽之感则十分强烈。

对于大型皇家苑囿来讲，分散用水虽不能造成千顷汪洋那样一种浩瀚的气势，但却有助于获得朴素自然的情趣。例如承德离宫，虽为皇家离宫别苑，却极力追求天然趣味，特别是东南部湖沼区的自然景致恰如《园冶》相地篇对江湖地的描绘："江干湖畔，深柳疏芦之际，略成小筑，足征大观也。悠悠烟水，澹澹云山，泛泛鱼舟，阒阒鸥鸟，漏层阴而藏阁，迎先月以登台"。除离宫外，圆明园所采用的基本上也是属于分散用水的原则。当然，与离宫相比圆明园的水系变化似更复杂：有的地方水面相当集中；有的地方则近似于涓涓溪流；有的地方分成若干小块，从而形成多中心的布局形式，所以严格说来，是综合了三种不同的用水方法。

前面所提到的涓涓溪流，实际上就是一种带状的水系。这和《园冶》中所说的"涧"有某些共同之处，但涧仅限夹于两山之间的带状水系。除此之外，即使在平坦的地段上有时也可借带状水系的连续性，以期造成引人入胜的感觉。在园林中，带状水系是对自然界溪（河）流的艺术摹写，它一般也忌宽而求窄，忌直而求曲。此外，为了求得变化，还应有强烈的宽窄对比，借窄的段落起收束视野的作用；至宽的段落便顿觉

开朗。这样，荡舟于其间便可产生忽开忽合，时收时放的节奏感。例如颐和园万寿山北麓（后山）的景区，就是以一条极长的带状水系为纽带把分散的风景点连系成完整的序列的。它一方面可以借带状水系的连续性而引人入胜，另外还可借水面忽开忽合而加强节奏感。

若使带状水系屈曲迴环，也能凭添深邃藏幽的情趣，特别是与山石相结合而使之穿壑通谷，则更有深情。例如苏州环秀山庄，限于地形条件，使带状水面盘迴循环，并局部地贯穿于山石的夹缝之间而形成"涧"，不仅幽深曲折至极，而且开与合的对比也异常强烈，实堪称为水与石巧妙结合的佳例。

宋郭熙在《林泉高致》中写道："山以水为血脉……故山得水而活；水以山为面……故水得山而媚"，绘画如此，园林景观也是这样。然而并不是在任何条件下凡有山必有水，为此，在有山而无水源的情况下，以人工方法开凿小池以蓄水，并以它来点缀建筑与自然环境，也可使"山得水而活"，"水得山而媚"。这种小池，惟其小，故仅能起点缀作用；又惟其集中，却常能发挥画龙点睛的效益。此外，这种小池显属人工开凿，故亦无须掩饰，而常呈规则的矩形或半月形。例如杭州的虎跑寺，作为寺庙园林，虽然具有优美的自然环境，但水源并不充分。在这种情况下，正是由于巧妙地运用了各种形式的小池，而把局部空间环境点缀得十分妩媚。

以人工开凿的较整齐、规则的小池，还可以用来点缀较小的庭园空

采用曲折狭长的带状水系的颐和园后山景区

间，从而赋予局部空间环境以活力。例如某些建筑群，其布局基本保持轴线对称或比较严整方正的形式，面对这种情况，如果在用水的处理上不恰当地强调自由曲折，便可能导致与建筑或环境的不协调，而运用较规则形式的小池，反而能够收到良好的效果。当然，这也要看具体情况而灵活对待，例如颐和园内扬仁风庭院，呈轴线对称布局，入口处设一小池，池的前一半由人工砌筑，较规则；后一半以山石驳岸，较自然，就整体看既能承前启后，又能与周围环境相协调。再如无锡第二泉庭院，前后共两进小院，院内各设一个小池，前一个呈规则的矩形，后一个则自由曲折，两者都能与各自所处的环境相协调。

花木配置

［图 92—102］

陈植先生在《"造园"词义的阐述》一文中曾对"园"作过引证："种果为园"；"园，所以种树木也"。从许多历史文献的记述中也可以看出古代苑囿、园林中花木之繁盛，例如李格非在《洛阳名园记》中对于花木的描写就是不厌其详的。这种情况可以一直追溯到秦、汉时代的上林苑，按《三辅黄图》记载：汉武帝在修上林苑时，群臣曾自各方献名果异卉三千余种。这些情况表明：园林，从它一开始的草创阶段，便离不开花木的种植，或者换句话说：园林就是以种植花木而起家的。

从现存的一些园林遗迹中也可以看出花木在园林中所处的地位和作用，园林中有许多景观的形成都与花木有直接或间接的联系。例如承德离宫中的"万壑松风"、"松鹤清樾"、"青枫绿屿"、"梨花伴月"、"曲水荷香"、"金莲映日"……等，都是以花木作为景观的主题而命名的。江南园林也不例外。例如拙政园中的枇杷园、远香堂、玉兰堂、海棠春坞、留听阁、听雨轩……等，其命题也都与花木有联系，它们有的是以直接观赏花木为主题，有的则是借花木而间接地抒发某种意境和情趣。

我们知道，中国古典园林不单是一种视觉艺术，而且还涉及到听觉、嗅觉等感官。此外，春、夏、秋、冬等时令变化，雨、雪、阴、晴等气候变化都

会改变空间的意境并深深地影响到人的感受，而这些因素往往又都是借花木为媒介而间接发挥作用的。例如拙政园中的听雨轩，就是借雨打芭蕉而产生的声响效果来渲染雨景气氛的。又如留听阁，也是以观（听）赏雨景为主的，建筑物东、南两侧均临水池，池中遍植荷莲，"留听阁"即取意于李义山"留得残荷听雨声"的诗句。借风声也能产生某种意境，例如承德离宫中的"万壑松风"建筑群，就是借风掠松林而发出的涛声得名的。

如果说万壑松风、听雨轩、留听阁等主要是借古松、芭蕉、残荷等在风吹雨打的条件下所产生的声响效果而给人以不同的艺术感受的话，那么还有一些花木则是通过色彩变化或嗅觉等其它途径来传递信息的。例如承德离宫中的"金莲映日"和拙政园中的枇杷园等主要就是通过色彩

遍植桂花的留园中部
景区的闻木樨香亭

而影响人的感受的。"金莲映日"位于离宫如意洲的西部，为康熙三十六景之一，周围遍植金莲，与日光相辉映如黄金复地，光彩夺目，康熙曾有诗云："正色山川秀，金莲出五台，塞北无梅竹，炎天映日开"，可见色彩之瑰丽。枇杷园位于拙政园东南部，院内广植枇杷，其果呈金黄色，每当果实累累，院内便一片金黄，故又称金果园。

通过嗅觉而起作用的花木就更多了。例如留园中的"闻木樨香"，拙政园中的"雪香云蔚"和"远香益清"（远香堂）等景观，无非都是借桂花、梅花、荷花等的香气袭人而得名的。

陆游曾有"花气袭人知骤暖"的诗句，这表明各种花木的生长、盛开或凋谢常因时令的变化而更迭（如夏日的荷花、金莲，秋天的桂、菊，寒天的腊梅），因而，随着各色花木的盛开、或凋谢便不期而然地反映出季节和时令的变化，这些，在古典园林中都能化为诗的意境而深深地感染着人。《园冶》中有许多句子如"苧衣不耐新凉，池荷香绾，梧叶忽惊秋落，虫草鸣幽"；"但觉篱残菊晚，应探岭暖梅先"等，都是很富诗意的，而其中多涉及到花木的开谢与时令的变化。

《园冶》中还有不少句子如："梧阴匝地，槐荫当庭"；"插柳沿堤，栽梅绕屋"；"院广堪梧，堤湾宜柳"；"风生寒峭，溪湾柳间栽桃，月隐清微，屋绕梅余种竹，似多幽趣，更入深情"……等，均涉及到花木的配置，即在什么场合分别适合于栽种什么样的花木问题，但可惜太分散，似乎还没有形成系统明确的观点。然而，这对于造园艺术来讲却是一个十分重要的问题。

园林中的树，可以有两种种植形式：点种与丛植。以视觉的观点看点种的树更加引人注目，所以一般多为比较高大的乔木。此外，树形要美，还必须配置合宜。所谓树形系指干与枝的姿态以及树冠的外轮廓线，这虽非人工所能控制，但却可根据树种的特点而作出合理的选择。前面所引"院广堪梧，堤湾宜柳"就包含有因地制宜地选择合适树种的意思。至于配置则指树种的搭配和位置安排。中国园林不同于西方古典园林，它并不追求整齐一律，所以在树种的选择上较灵活，既可选择同一树种而重复地种植，又可以选用不同树种而搭配着种植。而且在一般情况还是以后者较普遍。

点种的树可以起到两种作用：一是烘托陪衬建筑物，二是点缀庭园空间。凡属于前一种情况，均以建筑物为主体和中心，而使树木环绕着它的四周种植，可是在距离上要有远有近，前后左右要保持大体上的均衡，但却避免机械的对称。比较典型的例子如拙政园雪香云蔚亭周围的树木配置，高大的乔木共四株，其中有的距亭很近，有的则较远，虽然不对称，却大体上保持了均衡，所以无论从哪个方向看，都能很好地发挥烘托陪衬主体建筑——雪香云蔚亭——的作用。其它如拙政园中的绣绮亭和沧浪亭中的沧浪亭，虽然配置的树木较多，但大体上却遵循着相同的原则。

点种或孤植的树还可以点缀庭园空间。中国园林多以建筑、游廊、墙垣围成既小且又封闭的空间院落。这样的小院若不培花植树，必然流于光秃、单调，但花木过于繁茂，又将局促拥塞。对于这种小院可视其大小或孤植或点种乔木二三株以作点缀，常可获得良好的效果。极小的空间院落以孤植为宜，位置应偏于院的一角而切忌居中，其高低、疏密应与院的大小相适应。此外，树种或名贵，或挺拔，或苍劲，或古拙，或袅娜多姿，或盘根错节，总之，必须具有独特的性格。例如留园入口部分古木交柯庭院，院极小，且呈"L"形，东南一隅有老槐一株，虽干枯，但却苍劲古拙，从而成为景观的主题，"古木交柯"即由此而得名。与此相似的还有北海画舫斋的古柯庭。

对于稍大的庭园来讲，孤植的树难免会使人感到不足以庇荫整个空间。为此，尚须以点种的方法在院内栽植乔木二、三株，方能与环境相称。《园冶》立基篇所说"凡园圃立基，先乎取景，妙在朝南，倘有乔木数株，仅就中庭一二"，所说的就是这种情况。厅堂前的庭院若植树两株，宜一大一小，忌平均对待；宜各偏一角，忌对称排列。例如拙政园玉兰堂庭院，呈矩形平面，共有乔木两株，一大一小，分列于左右两侧，大者为玉兰，是院内主要观赏对象，小者为桂花，起烘托陪衬作用。再如狮子林古五松园庭院，呈"凸"字形平面，有桂花、柏树各一株，一据院北，一据东南，前者袅娜多姿，后者苍劲挺拔。

若植树三至四株，宜疏密相间并保持均衡，忌排成一条直线或呈正三角形、正四边形。此外，尚须配置灌木、花草，并使其作为乔木的陪衬。

属于这样的例子有**扬州纸花厂东南隅庭园**及**苏州壶园**。前者较小，院内有较大树木三株，各据院的一角。西北为女贞，东北为腊梅，西南为天竹，三者联线呈不等边三角形。壶园较大，呈不规则形状，沿水池周围植有白皮松、罗汉松、腊梅、海棠等，皆各据院之一角，并具有疏密的对比与变化。

随着庭院空间的进一步扩大，仅乔木数株依然不能使浓荫复地。这时，只有以点种与丛植相结合，乔木与灌木相搭配，方能造成枝叶繁茂，嘉木葱茏的气氛。点种与丛植本身就包含有疏与密的对比；而乔木与灌木也自然有主与从的差异，因而只要配置得宜，便可自成天然情趣。至于花木品种的选择，则可依造园家的主观意图而定。例如当考虑到色彩的对比与调和，开花季节的先后，一年四季都能保持常绿等因素，则必须使不同品种的花木相搭配或间种；如果考虑到突出某一主题或景观，则应选择相同品种的花木而复种；或以某一品种为主而辅以其它品种。以上两种配置方法虽各有利弊，但也各有特点，在古典园林中都不乏先例。例如留园五峰仙馆前的庭园，所采用的即是多品种花木间种的配置方法。计有柏、榆、罗汉松、紫藤、梅、石榴、海棠、玉兰、夹竹桃等十多个品种，其中有的属常绿树；有的属落叶树；有的属乔木；有的属灌木。此外，开花的季节也各不相同，一年之内可随时令的更迭而有许多变化。另一种情况如网师园小山丛桂轩庭院，呈狭长的"L"形，虽种有桂花、西府海棠、槭树、鸡爪槭树、白玉兰、腊梅等六个品种的花木共十余株，但其中有七株都是桂花，占总数一半以上，所以还是以赏桂为主题。"小山丛桂"正是由此而得名。

地处北方的皇家苑囿，由于冬季时间长，气候寒冷，花木的品种则比较单一。某些庭院为了求得四季常绿，有时竟以松或柏某一种树作为景观的主题，虽然具有古朴苍劲等特点，但与江南园林相比，总不免失之单调。

大面积地丛种密植，将可形成葱葱郁郁的树林，这虽然不常见于一般中、小形庭院，但对于某些大型园林来讲却可借此而使老树参差，以列千寻之耸翠。例如承德离宫的万树园（现古林已毁）就是属于这种情况。江南园林如留园、拙政园、狮子林、沧浪亭等，都在园内山石集中的地

网师园小山丛桂轩前院

方广种树木，以期获得山林野趣。凡丛种密植而成林者，常以某一树种为主而杂以其它品种。如北方多选用松柏，江南则多选择各种落叶树。关于配置方法一般均忌规则而求自然。此外，虽说是密植，但也要密中有疏以求对比和变化。只是在个别场合下，为与环境相协调，也可整整齐齐地排列成为方阵的形式，如承德离宫澹泊敬诚殿前院那样，以保持严肃的气氛。但对于绝大多数庭园来讲，总是取法于自然，务使密中有疏，大小相间，高低参差错落，从而做到：虽由人工种植，却宛如自然山林。例如留园西部的枫树林，就是这样。

园林中的树还可起丰富空间层次变化和加大景深的作用。在讨论空间渗透与层次时曾具体分析通过门窗洞口去看某一景物的情况，并认为

拙政园中部景区，借树丛以丰富空间层次变化

由于隔着一重层次去看，故显得含蓄深远。其实这和透过枝叶扶疏的网络去看某一景物其作用是一样的，都是在一定距离内加进一重层次，从而使景物退避在这一层次之后，这样，尽管实际距离不变，但感觉上却显得更深远。此外，透过枝叶扶疏的网络看某一景物，也是既有遮挡，也有显露，因而，还可因网络的疏密变化而分别获得程度不同的含蓄感。

由树木干、枝、叶交织成的网络如果稠密到一定程度，便可形成为一种界面，利用它还可起限定空间的作用。这种界面与由建筑、墙垣所形成的界面相比，虽然不甚明确、具体、密实，但也有它自己的特点。如果说后者所提供的是密实的屏障，那么前者所提供的则是稀疏的屏障，由这两种屏障互相配合而共同限定的空间必然是既有围，又有透。例如留园中部景区就是借这两种界面的围合而形成空间的。在这里，可按方向划分成为东、南、西、北四个界面，东、南两侧主要是以建筑为界面；西、北两侧则是以密植的林木为界面（西面尤为浓密，北面稍稀疏）从而形成了一个既有围，又有透的庭院空间。

在某些情况下，茂密的林木甚至在限定空间中伴演主要角色。例如

当建筑物比较稀疏、分散，以至不能有效地形成界面时，依靠密植的林木则能补偿建筑的不足，而在限定空间中起主导作用。拙政园中部景区就是属于这种情况，这里虽然也有几幢建筑，但终究因为彼此相距甚远而显得稀稀落落，不能有效地起到限定空间的作用，为此，则只好借茂密的林木来补偿建筑的不足，并在限定空间中发挥主导作用。

枝繁叶茂的林木尚可用来补偿因界面高度不足而造成的空间感不强的缺陷。例如以建筑或山石围合而成的空间，如果面积过大，而建筑或山石的高度又有限，则可能出现空间感不强的缺点。面对这种情况，以广种密植的乔木将可以在下半部较密实的界面之上再形成一段较稀疏的界面，从而加强其空间感。例如颐和园中的谐趣园，以游廊连接建筑而形成的界面尽管绕湖一周而呈闭合的环形，但由于湖面大而建筑高度有限，空间感仍嫌不足。幸好建筑物外侧的乔木既高大又浓密，从而补偿了建筑高度的不足，有效地加强了庭院的空间感。又如北海濠濮间北部的庭园空间，它主要是借堆山叠石而形成的，但由于山的高度不够而坡度又十分平缓，犹如微凹的"盆地"，也存在着空间感不强的问题，但密植于山坡上的林木，枝叶繁茂浓密，恰似一道帷幕，对于加强空间感起着极为重要的作用。

南北造园风格比较

[图103—106]

童寯先生在《江南园林志》一书中指出："吾国园林，名义上虽有祠园、墓园、寺园、私园之别，又或属于会馆，或旁于衙署，或附于书院，其布局构造，并不因之而异。仅大小之差，初无体式之殊。"意思是说：尽管园的类型繁多，但从造园艺术的处理手法来看，并没有多大区别。当然，从童先生所列举的各类园来看，显然没有把北方皇家苑囿列入其内。不过，即使把北方皇家苑囿与江南私家园林并列，若单纯从造园艺术的处理手法来看，所遵循的基本原则依然是大体一致的。正是基于这一点，本书在揭示造园手法所遵循的规律时，并没有把南、北园林区分开来，而是

一并地加以分析讨论的。但是这并不是说北方皇家园林与江南私家园林没有区别。事实上，区别是有的，不仅有，而且还相当明显，不过，这种区别主要表现为风格上的差异。为此，我们既要看到它们相同的一面，又要看到它们相异的一面，尽管相异只不过是大同中的小异。

造成风格上差异的客观原因主要有三个方面：第一，服务对象不同——北方皇家苑囿是为封建帝王服务的，江南园林则属于私家园林，园的主人不同，各自的要求也不尽相同；第二，规模及所处外部环境不同——这是从前一个原因中派生出来的，北方皇家苑囿规模大，占地广，多处于自然风景优美的山林、湖泊地区；江南私家园林则规模小，多处于市井之内；第三，气候条件不同——北方气候寒冷、干燥；江南则较温暖、湿润。当然，还可以列出一些方面，不过主要是以上三点。正是由于这三方面原因，才使得南、北园林各自保持着独特的形式和风格。它们之间的差异主要表现在平面布局、建筑外观、空间处理、尺度大小以及色彩处理等五个方面。

从平面布局看，江南园林由于多处市井，所以常取内向的形式。这一特点在小园中体现得最明显，大、中型园林虽然从局部来看也每每带有外向的特点，但从整体来看还是以内向为主。这是因为在市井内建园，周围均为他人住宅，一般均不可能获得开阔的视野和良好的借景条件。此外，建筑物的布局多遵循《园冶》所阐明的原则：尽量顺应自然，随高就低，蜿蜒曲折而不拘一格，从而使之与山、池、花木巧妙地相结合，并做到"虽由人作，宛自天开"。北方皇家苑囿则不然，由于所处自然环境既优美，又开阔，所以多数风景点、建筑群均取外向布局或内、外向相结合的布局形式。这样，不仅可以广为借景，而且本身又具有良好的外观。少数园中园，虽取内向的布局形式而自成一体，但多少还要照顾到与外部环境的有机联系。所以和江南私家园林那种完全闭关自守的格局，还是很不相同的。此外，建筑物的布局虽力图有所变化，但终究还不能彻底摆脱轴线对称和四合院布局的影响，所以多少还有一点严肃、呆板，远不如江南园林曲折而富有变化。

从建筑物的外观、立面造型和细部处理来看，江南园林远比北方皇家苑囿轻巧、纤细、玲珑剔透。这一方面是因为气候条件不同，另外也和习惯、传统有着千丝万缕的联系。例如翼角起翘，它对于建筑物的形象、特别是轮廓线的影响极大，南、北园林建筑的差别则十分显著，北方较平缓，南方则很跷曲。再如墙面，北方园林建筑显得十分厚重；江南园林则较轻巧。其它细部处理包括槅扇、挂落、栏杆等各种木装折，江南园林不仅力求纤细，而且在图案的编织上也相当灵巧；北方园林则比较严谨、粗壮、朴拙。

从空间处理看，江南园林比较开敞、通透；内、外空间有较多的连通、渗透；层次变化也比较丰富。北方园林则比较封闭；内、外空间的界线比较分明。这可能是气候条件使然，但也和服务对象的不同以及南、北方生活习惯不同有着某些联系。

除平面布局和建筑处理外，南、北园林建筑在尺度方面的差异也是极为悬殊的。北方皇家园林建筑如果与宫殿建筑相比，其尺度已经属于较小的一种，按营造则例规定，后者属于大式做法，前者属于小式做法。因而无论从整体到细部都不能与宫殿建筑相提并论。例如以北京故宫太和殿与承德离宫澹泊精诚殿作比较，同属封建帝王处理朝政的宫殿建筑，但处于苑囿中的宫殿其尺度则小得多。然而尽管如此，如果拿它和南方私家园林作比较，它的尺度依然要大得多。由此可见，江南园林建筑其尺度之小巧，实在到了无以复减的程度。这里不妨以相同类型的建筑作比较，例如厅堂，这是园林中的主体建筑，一般都具有较大的体量，但同是厅堂，处于颐和园中的乐寿堂却比处于拙政园中的远香堂要大出很多。留园中的林泉耆硕之馆，又名鸳鸯厅，在江南园林中堪称最大的厅堂，但仍小于乐寿堂。楼阁建筑也是这样，例如以承德离宫中的烟雨楼与拙政园中的见山楼作比较，两者都是二层的楼阁建筑，而烟雨楼几乎比见山楼大一倍，其差别之悬殊，简直使人难以置信。还有亭，其大小变化的幅度是很大的，所以很难从南、北园林中各选出一个来作类比，但若自南、北园林中各选出大小不同的一系列亭子来作比较，便可发现在北方园林中属于较小的亭，也不亚于江南园林中的偏大者。

尺度上的差异不外是由以下原因造成的；首先是服务对象不同。帝王的苑囿，无论怎样有别于宫殿，但终究是要讲求气魄的，所以远非庶民可以与之相比拟。其次就是所处的环境不同。同样大小的建筑处于大自然空间之中便显得小。而处于有限的庭院空间便显得大。根据这个道理，若把见山楼放在承德离宫那样的环境之中便显得小；反之，若把烟雨楼放在有限的庭园空间之中，则若似庞然大物。为与各自所处的环境相协调，所以在尺度处理上也应当区别对待。

南、北园林建筑的色彩处理也有极明显的差别，即北方园林较富丽，江南园林较淡雅。北方皇家苑囿中的建筑，如果与宫殿、寺院建筑相比其色彩处理还是比较朴素、淡雅的。例如承德离宫中的澹泊敬诚殿，不仅没有运用琉璃瓦作为屋顶装饰，而且木作部分也一律不施油漆，而使楠木本色显露于外，从而给人以朴素淡雅的感觉。另外一些北方皇家苑林如颐和园、北海等，虽然有不少建筑也采用了青瓦屋顶、苏式彩画、墨绿色立柱等比较调和、稳定的色调来装饰建筑，但其主要部分的建筑群如排云殿、佛香阁、智慧海等，其色彩却十分富丽堂皇。

与北方园林建筑相比，江南私家园林建筑的色彩处理则比较朴素、淡雅。在这里构成建筑最基本的色调不外三种：一、以深灰色的小青瓦作为屋顶；二、全部木作一律呈栗皮色或深棕色，个别建筑的部分构件施墨绿或黑色；三，所有墙垣均为白粉墙。这样的色调与北方皇家苑囿那种以金碧辉煌而炫耀富贵至尊，适成鲜明对比。由于灰、栗皮、墨绿等色调均属调和、稳定而又偏冷的色调，不仅极易与自然界中的山、水、树等相调和，而且还能给人以幽雅、宁静的感觉。白粉墙在园林中虽很突出，但本身却很高洁，正可以借调子（黑、白）的对比而破除沉闷感。

除了以上几个方面外，在堆山叠石以及花木配置方面，南、北园林也是各有特点的。例如山石，一般地讲北方园林较凝重浑厚，江南园林则较虚幻空灵。在花木配置方面若以品种的多样而论，江南园林则远胜于北方园林，这些均与各自所处的地理、气候条件有一定的联系。

典型北方园林风格的亭子

典型江南园林风格的亭子

色彩淡雅的江南园林建筑

色彩富丽的北方皇家园林建筑

园林建筑历史沿革

中国园林艺术成就和独特的风格，是在源远流长的历史发展过程中逐渐形成并日趋完善的。早在周代，就有文王营建灵囿的记载。嗣后，园林建筑一直被用来满足封建帝王的物质和精神生活的要求。因而它不可避免地要受到古代占统治地位的儒、道、佛三家哲学思想的影响。汉以后，官僚地主和士大夫阶级又把园林引进了私家宅院，从这时起又和诗、画结下了不解之缘。中国园林所走的再现自然的路子，从哲学和美学观点看，就是受趋主脱世、寄情山水和憧憬仙山琼阁等思想的影响。即使是创作方法，例如强调意境、气氛而不追求形似，这也和诗词、绘画中重抒情、写意的倾向有密切联系。通过对历史文献和实物的分析看，我国造园艺术大体上可以分为五个阶段：

汉以前

处于萌芽和形成期，仅限于皇家苑囿，如上林苑及阿房宫、建章宫内的苑囿等。

魏晋、南北朝

社会动乱，佛教流传，加之老庄哲学影响，尚清淡风气极盛，从而形成一种"玄学"。与此同时还出现了田园诗和山水画，对造园艺术影响极大。从这时起造园艺术已初步走上了再现自然的路子。主要造园实践活动有：金谷园、华林园、铜雀园、兰亭等。此外，还出现了一些寺院园林。这个时期可以看成是造园艺术的发展期。

隋、唐

生活安定，经济繁荣，文化艺术也有很大成就。不仅为造园提供雄厚物质基础，而且由于山水诗、画盛行，还给造园艺术构思和技巧以启迪。这时的造园活动规模大、数量多、手法也趋于成熟，是造园艺术达到全盛的标志。

宋

受绘画影响极大，这时山水画不仅在技巧上达到炉火纯青，而且出现了许多绘画理论著作。当时绘画界流行的"外师造化、内发心源"的主张同样被当作造园艺术必须遵循的原则。这时的造园艺术已经达到了高潮。

明、清

经济有较大发展，特别是清乾隆时期大兴土木，建造苑囿之多、规模之大，为历史前所未有。此外，江南一带私家园林也极兴盛。计成著《园冶》一书还系统地总结了造园艺术经验。这个时期可以认为是继宋、元之后把造园艺术再次推向高潮。

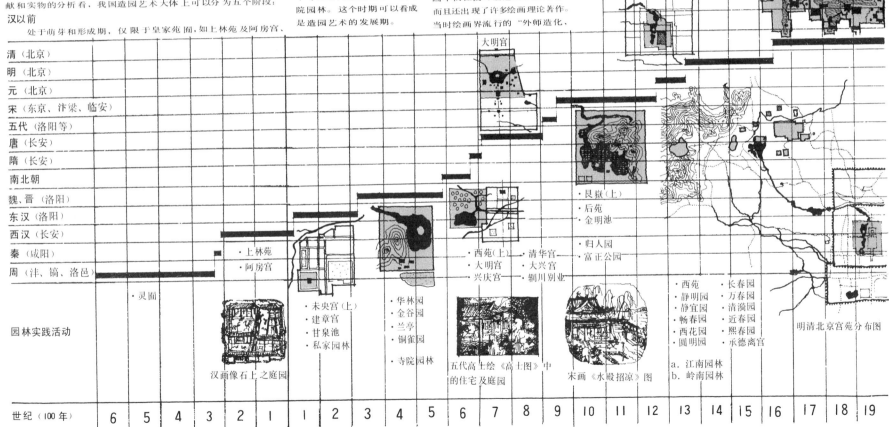

园林建筑的分布

早在周、秦时代即有兴建苑囿的活动，到了魏晋、南北朝，特别是隋、唐，园林建筑的发展尤为昌盛。这个时期的园林、苑囿多集中于政治、经济、文化都十分发达的城市长安、洛阳一带。至北宋、洛阳的园林尤盛。南宋迁都临安，江南一带如临安（杭州）、平江（苏州）、吴兴等地多为官僚、地主、富商聚居之地，园林建筑活动十分发达。明、清的园林多集中于两处：北方的皇家园林集中于北京、承德两地；江南一带私家园林则以扬州、苏州、吴兴、杭州为多。此外，岭南地区如广东、福建、广西等地还有一些地主、富商所营建的私家园林。现存的园林建筑主要是明、清所建的苑囿和私家园林，主要集中在北京、承德以及江南、岭南等地区。

我国园林建筑分布极广，但由于园林建筑的发展毕竟与政治、经济、文化以及自然条件有密切的联系，因而多集中于图示的若干地区。

明、清皇家苑囿

自秦至北宋园林

明、清私家园林

岭南园林

南海诸岛

· 规模大、占地广，尽量利用自然山水构成景观。

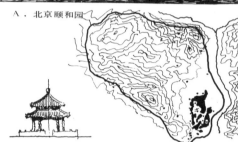

A．北京颐和园

· 除供帝王休息、娱乐外，还要满足处理朝政要求，建筑多，且富丽堂皇。

· 以集锦式手法在园内设置若干风景点或小园以点缀景观。

B．典型北方亭子

C．承德避暑山庄平面

· 主要是帝王苑囿，但也有私家园林。

· 实物被毁，只能从文献中窥见大体轮廓。

D．苏州留园

· 多处市井，并与住宅相结合，规模小，建筑占有较大比重。

· 以人工方法堆山叠石、引水开池、种植花木以再现自然美。

· 作为私家宅园，建筑较玲珑轻巧，色彩较朴素淡雅。

E．典型南方亭子

· 多为官僚地主或富商大贾的私家宅园。

· 地处通商港埠，外来影响较大。

G．岭南庭园及装修

F．苏州鹤园平面

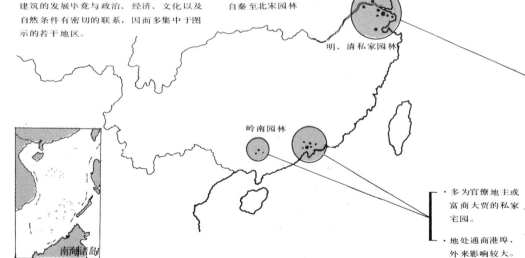

两种哲理、两条路子

由于文化传统不同，世界各民族的造园艺术必然各具其独特的风格。概括地讲有两种园林风格最典型，也最引人注目：在西方，以法国古典主义园林为代表的几何形式园林；在东方，以中国古典园林为代表的再现自然山水式园林。前者主要是在理性主义的哲学和美学思想的支配下更多地注重人工美，其特点是强调整齐一律、均衡对称，并极力推崇几何形式的图案美。后者所走的则是崇尚自然美的路子，强调"虽由人作、宛自天开"，以再现自然的方法来谋求诗情画意一般的意境美，这显然是另一种哲理和审美趣味的产物。

6.桂离宫，典型的日本式园林。由于受中国影响，也特别注重于再现大自然之美。

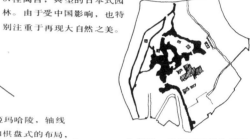

1.凡尔赛宫花园，典型的欧洲古典园林，呈几何形图案，充分反映出重人工、轻自然的审美观念。

2.阿尔罕布拉宫，其中包括两个内院：石榴院和狮子院，皆呈规则的矩形平面。

3.庞贝银婚府邸，其天井或内院也呈规则的矩形或正方形。

4.泰姬玛哈陵，轴线对称和棋盘式的布局，颇类似于欧洲古典式园林。

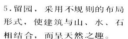

5.留园，采用不规则的布局形式，使建筑与山、水、石相结合，而呈天然之趣。

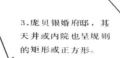

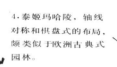

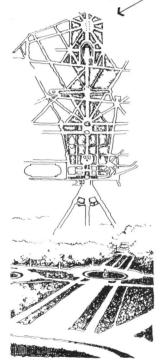

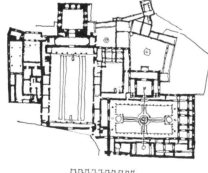

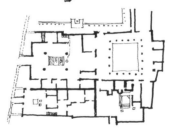

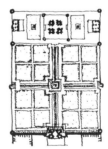

园林建筑的特点

如果说西方古典园林与西方古典建筑所遵循的构图原则基本一致的话，那么中国传统园林与中国传统建筑的布局方法则很不相同。传统建筑如寺院、宫殿、陵墓乃至一般的民居建筑，多采用中轴线对称和四合院的布局形式，是相当程式化的。园林建筑则变化无穷，它不受任何形制的约束。那么传统园林建筑究竟有哪些特点呢？概括地讲有以下几点：情景交融；小中见大；迂回曲折；幽邃深远……总之，与其它类型建筑相比，它所抒发的则是另外一种情趣。

9. 总之，以严整与自然两种手法分别适应不同类型建筑的要求，是我国传统的一大特点。若使两者相结合，尚可借相互之间的对比作用而突出各自的特点。例如图3所示的故宫和图4所示的私家宅园都是成功利用这种对比作用的范例。

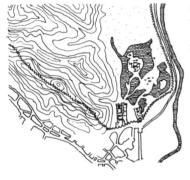

1.承德离宫，作为皇家苑囿，主要是借真实山水而抒发自然情趣。

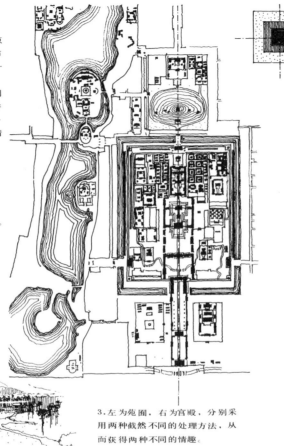

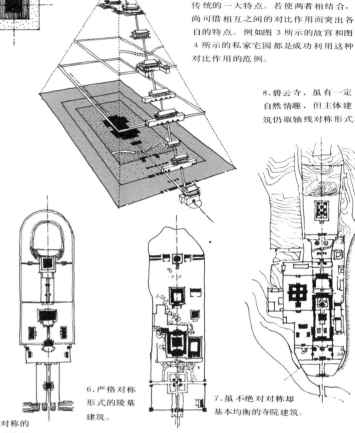

8.碧云寺，虽有一定自然情趣，但主体建筑仍取轴线对称形式。

3.左为苑囿，右为宫殿，分别采用两种截然不同的处理方法，从而获得两种不同的情趣。

6.严格对称形式的陵墓建筑。

7.虽不绝对对称却基本均衡的寺院建筑。

5.轴线对称的四合院式住宅。

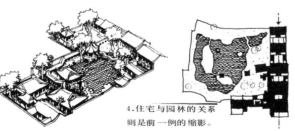

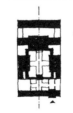

2.再现自然美的江南私家园林

4.住宅与园林的关系则是前一例的缩影。

两类活动、两种要求

人类活动是极其复杂多样的，但概括地讲可以分为两大类：一类必须在室内进行，另一类则只能在室外进行。为适应不同要求，人类不仅需要营建房屋，而且还必须创造适宜的外部空间环境。中国传统总是把"家"和"园"并提，即有家必有园。国外近来也极重视环境设计，这表明：外部空间环境——作为室内空间的延伸和补充——也是不可缺少的。所不同的是：在国外常以建筑为中心，而以庭园包围建筑；与此相反，我国传统则常以庭园为中心，而用建筑包围庭园，从而形成一种以外部空间为中心的独特的组合形式。例如传统民居建筑所采用的"四合院"布局形式，就是一个十分典型的例子。

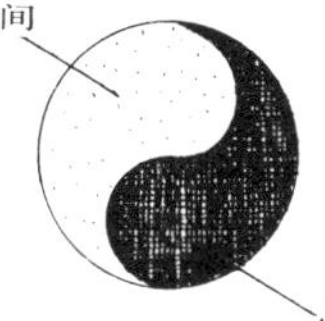

1. 古今中外，人类的活动都不可能限制在室内进行，为此，除营建房屋外，还必须处理好外部空间环境。

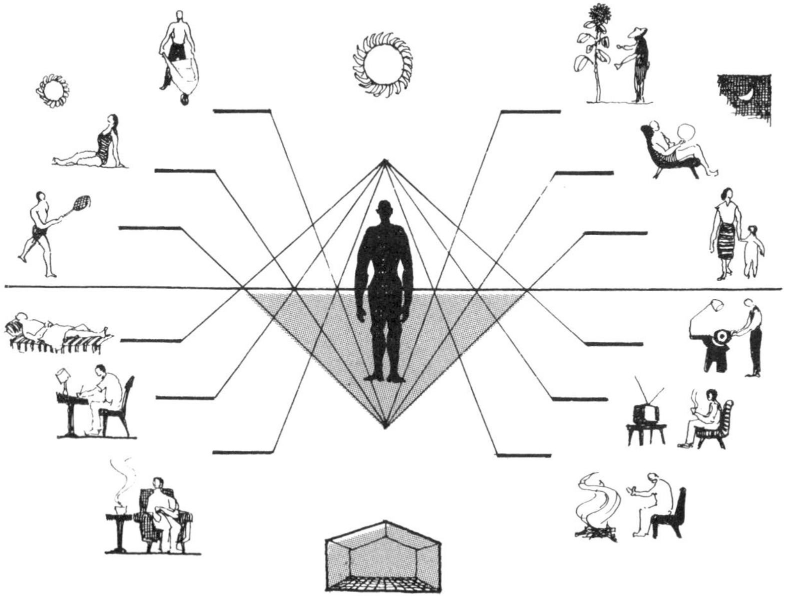

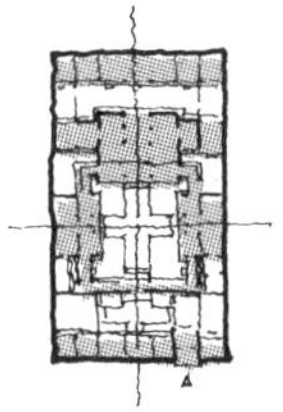

2. 处理内、外部空间关系形式之一：以建筑为中心，以外部庭园包围建筑。国外花园别墅通常所采用的就是这种形式。

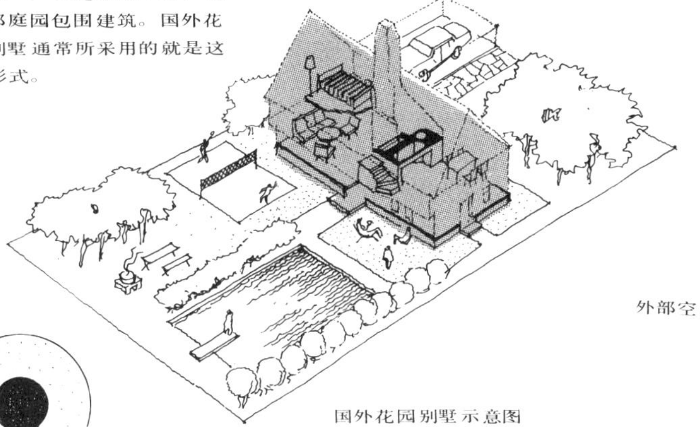

外部空间

内部空间

国外花园别墅示意图

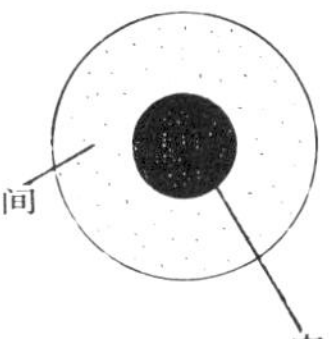

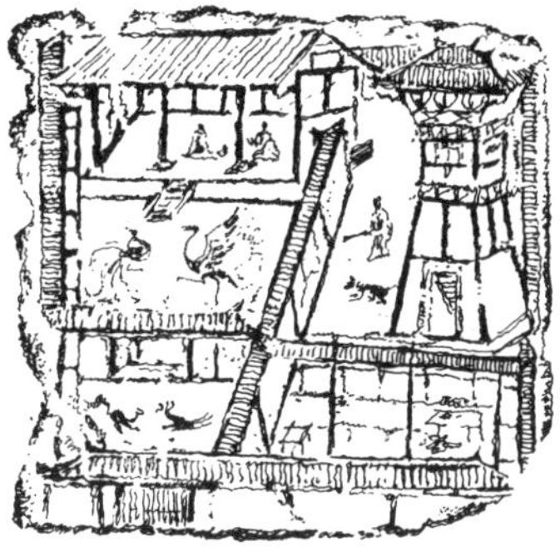

3. 处理内、外空间关系形式之二：内、外空间交错穿插。图示汉画像砖上之住宅——庭园即为这种形式。

外部空间

内部空间

四合院民居平面示意图

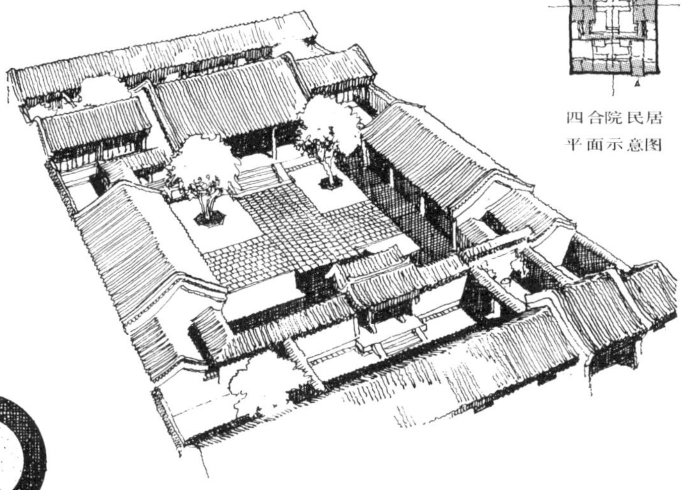

四合院民居鸟瞰

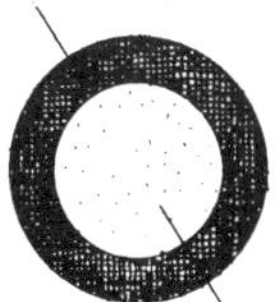

内部空间

外部空间

4. 处理内、外空间关系形式之三：以庭院为中心，以建筑包围庭院。我国传统四合院民居建筑所采用的即为这种形式。

从庭到苑囿——庭

"堂下至门谓之庭"；"庭，堂阶前也"。今一般以天井为庭，是一种极小的内院，位于厅堂之前，四周为建筑所包围，十分封闭，人在其中确乎有"坐井观天"之感。我国南方一带民居建筑多借这种极小而又十分封闭的天井以解决通风、采光问题。"不独春花常醉客，庭除常见花好开"，由此可见，这种堂前小院除供采光、通风外，尚可种植花草供人玩赏，从而借以点缀环境。

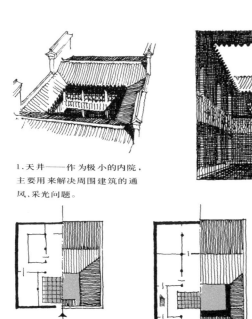

1. 天井——作为极小的内院，主要用来解决周围建筑的通风、采光问题。

徽州民居平面示意图

住宅建筑

天井部分

2. 徽州民居，左图示一进厅堂，右图示两进厅堂，分别以建筑围成一个或二个天井。

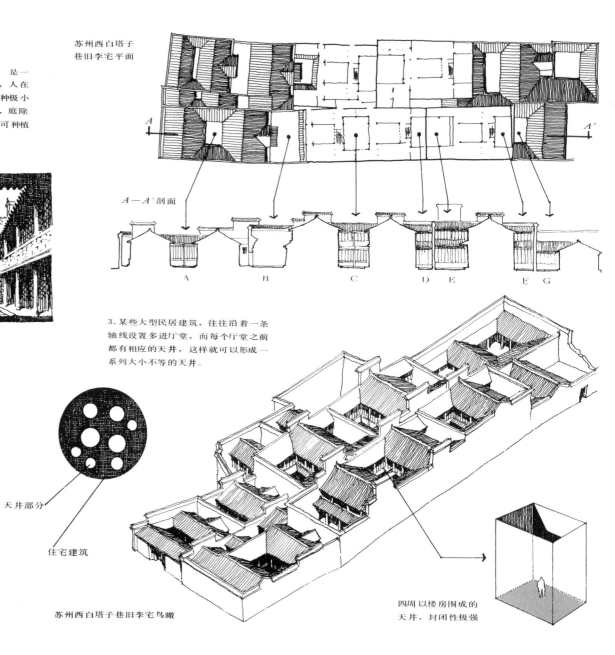

苏州西白塔子巷旧李宅平面

A

$A-A'$剖面

A B C D E $E\underline{G}$

3. 某些大型民居建筑，往往沿着一条轴线设置多进厅堂，而每个厅堂之前都有相应的天井，这样就可以形成一系列大小不等的天井。

天井部分

住宅建筑

苏州西白塔子巷旧李宅鸟瞰

四周以楼房围成的天井，封闭性极强

从庭到苑囿——院

"院，垣也"；"有墙垣曰院"，系指用墙围成的外部空间，即今院落之意。北方民居所采用的四合院形式，可以说是最典型的院子，它主要是以建筑、廊子或墙垣所围合而成。与庭——天井——相比，院的规模要大一些，开敞一些。"萧萧竹林院，风雨丛兰折"，院，不仅可以种植花草树木以美化环境，对于某些民居建筑来讲，还可以成为人们户外活动的中心。

1. 浙江民居中的内院，比天井大，并与敞厅相连通，可视为户外活动中心。

2. 云南民居，典型的三合院形式，以建筑与墙垣围成的内院，除满足通风、采光要求外，尚可满足某些生活起居要求。

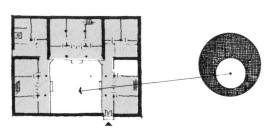

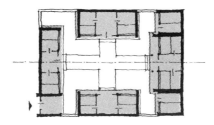

3. 某东北民居，典型的四合院形式，沿院落的四周布置建筑物，从而使院落成为人们户外活动的中心。

北京民居四合院透视

4. 北京地区四合院民居，由建筑物围合而形成的院落既大又开敞，若在其中设置花坛以种植花木，除满足生活起居要求外，尚可美化空间环境。

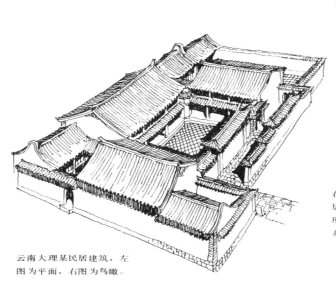

云南大理某民居建筑，左图为平面，右图为鸟瞰。

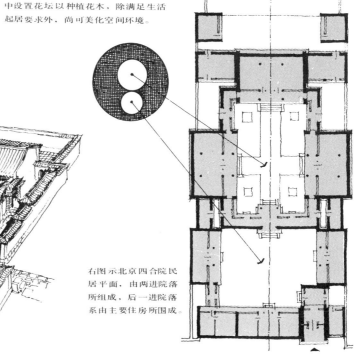

右图示北京四合院民居平面，由两进院落所组成，后一进院落系由主要住房所围成。

从庭到苑囿——园

"种果为园"·"园，所以种树木也"。童寯先生根据《说文解字》对"圜"字作过解释：四边用墙垣围起来，内中设花木、建筑、山石、水池供人居住、观赏、游玩即谓园。由此可见，一般的园不仅从规模上讲比院大，而且更为重要的是园必须通过人工的方法造景、组景，从而使之具有景观方面的意义。此外，与院相比，园应具有相对的独立性。例如依附于住宅的私家园林，尽管与住宅的关系十分密切，但在一般情况下，都可以形成为一个相对独立的整体。

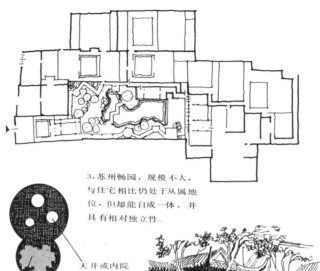

3.苏州畅园，规模不大。与住宅相比仍处于从属地位，但却能自成一体，并具有相对独立性。

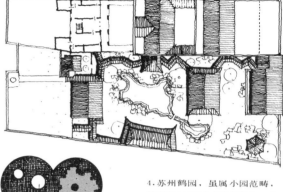

4.苏州鹤园，虽属小园范畴，但规模已超过了住宅部分，并具有一定的独立完整性。

1.园，从规模上讲一般应比院大，但最根本的区别在于前者必须具有景观意义。

天井或内院

相对独立的小园

畅园中部的景观效果

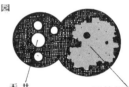

独立于住宅之外的完整的庭园

天井　园林部分

自A点看的景观效果

5.苏州景德路毕宅，园林部分远远大于住宅，特别是拥有很大的水面，使人倍感开朗。加之山石、花木的配置，实为一独立完整的园林。

2.苏州铁瓶巷某宅，辟园于其东南一隅，堪称为最小的庭园。

天井或内院，无景观意义。

镶嵌于住宅中的小园，具有景观意义。

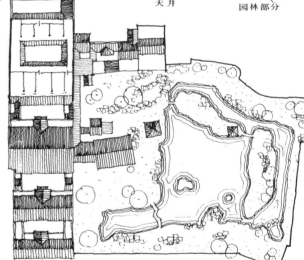

从 庭 到 苑 囿 —— 中、大 园

园的规模有大有小，一般的小园多呈单一空间的形式，不仅功能简单而且主题也比较单一。中、大型园林则不然，它不仅规模大、独立性强，而且功能要求也多种多样，例如除供休息、游玩外，尚需满足读书、会客、宴请、听戏、看花、观鱼、赏月……等各种活动的要求。为此，多把园划分成为若干个各有特色的景区，以分别适应各种不同活动的要求。少数大型私家园林，不仅完全独立于住宅、宗祠之外，其占地面积甚至远远大于前两者。个别大园本身尚可以划分成为若干相对独立的园。

1.随着规模的增大，一般中、大型园林多采取多空间组合的形式。

2.苏州怡园，属于中等规模的园林，园西为祠堂，园南隔巷与住宅相望。园本身自成一体，园内以建筑、回廊、山石把空间分隔成为若干景区。

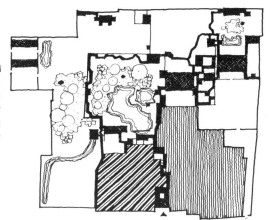

3.苏州留园，东南为住宅，正南为祠堂，园林部分大大超出两者总和，为一大型宅园。园内可分为中、东、西三个部分，每一部分又分别由若干个空间所组成，变化极其曲折、丰富。

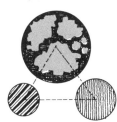

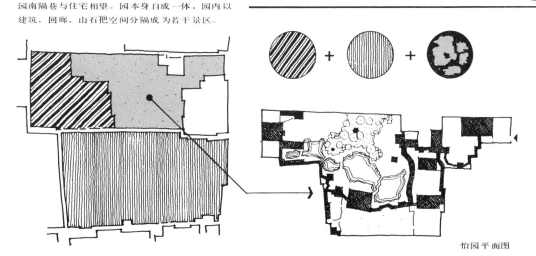

怡园平面图

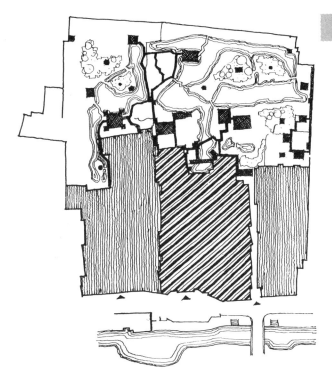

拙政园中、西部分平面图
（正南为八旗直奉会馆，西南、东南均为住宅）。

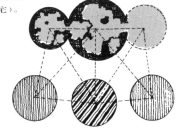

园林部分

住宅部分

祠堂部分

4.拙政园，数易其主，南部为八旗直奉会馆及住宅，为一大型私家园林。可分中、西、东三部分，并各具相对的独立性，中、西两部分其空间组成尤富变化。

苑囿，养禽兽、种林木的地方，系指以园林为主的皇帝行宫或大型皇家园林。除设置园景供游息外，还可包括处理朝政的宫殿、供皇帝、后妃使用的居住建筑以及若干宗教建筑。苑囿，不仅规模大、占地广，而且一般多选择在地形富有变化和风景优美的地方。此外，还必须充分利用环境特点以人工方法建造众多的风景点、建筑群和园中园，从而形成一种"集锦式"的格局。这些风景点、建筑群和园中园，作为构成整体的基本要素应相互制约、呼应，并具有巧妙的联系，但本身又可以自成体系而具有相对的独立性。

1．以风景点、建筑群、园中园为基本要素组成的"集锦式"皇家苑囿的分析示意。

风景点 ●
园中园 ✿

A．静心斋，位于园的北部，为典型的园中园。

B．五龙亭，可视为风景点

2．北海，为明清宫殿西苑的一部分，园内设置若干个风景点、建筑群和园中园。

3．颐和园，和其它苑囿一样，所采用的也是"集锦式"的布局，园内设有许多个风景点、建筑群和园中园

C．画舫斋，位于园的东部，为另一园中园。

D．濠濮间，采用开敞式布局，可视为建筑群。

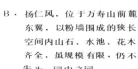

A．谐趣园，位于园的东北角，以建筑环绕水池，自成一体，为一典型的园中之园。

B．扬仁风，位于万寿山前麓东翼，以粉墙围成的狭长空间内山石、水池、花木齐全，虽规模有限，仍不失为一园中之园。

C．云松巢，位于排云殿之西，主要由建筑、游廊所组成，可视为一组建筑群。

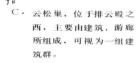

D．其它一些孤立的亭、桥石舫等，主要用于点缀风景，可视为风景点。

从庭到苑囿——特大苑囿

特大型皇家苑囿，其占地之广竟达数百公顷之多，这样的大型苑囿不仅建筑物的规模和数量大得惊人，而且地形的变化也相当复杂。这样就必然会形成为若干个性质不同、意境和情趣也各不相同的景区：例如以建筑为主的宫廷区或寺庙区；以山景为主的山岳区；以水景为主的湖泊区；以种植林木或饲养禽兽为主的平原区等。

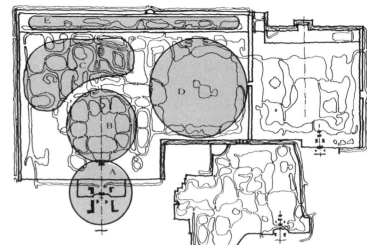

1. 把全园划分为若干景区的特大型苑囿分析示意。

A. 山岳区：约占全园4/5，峰峦起伏，沟壑纵横，四时景色各异。此外还结合地形设置了一些寺观、庵、院。

B. 平原区：为驯鹿、试马之处，遍植苍松巨槐，故又称万树园。

C. 湖泊区：洲岛罗列，湖岸逶迤，楼阁相望，一派水乡风韵。

2. 承德离宫，为一特大苑囿，占地564公顷，集锦式布局，根据地形特点可以划分为四个景区。

D. 宫廷区：由正宫、松鹤斋、东宫三组建筑并列，整齐匀称。

3. 圆明园，清代最大苑囿之一，占地400公顷，为避免杂乱，按功能、地形特点以及意境、情趣不同而划分为若干景区：

A. 宫廷区：位于入口处，仿大内宫殿按中轴线对称格局，自南而北形成空间序列。

B. 九洲清宴区：居住区，位于宫廷区后，九组建筑环列后湖，既严整又活泼，起承前启后的过渡作用。

C. 湖泊区：位于园西北，建筑穿插于溪流纵横之间，极富园林特色。

D. 福海区：位于园东方形水面宽600米，以辽阔开朗取胜。

E. 北部景区：溪流纵横于丘陵之间，幽深曲折。

内向与外向——1

我国传统建筑在群体组合中通常以内向的布局形式为主。例如一般住宅建筑所采用的四合院，就十分明显地体现出内向的特点——所有建筑均面向内而背朝外；形成以内院为中心的向心感；对周围外部空间取漠不关心的态度……。大多数庭园建筑也是这样，特别是中、小型私家园林以及某些皇家苑囿中的园中园往往也取内向布局的形式。所不同的是：它们往往以水池为中心，并取不规则的平面形状，从而伸所围成的空间既具有向心的特点，又具有亲切、宁静和曲折而富有变化的感觉。

苏州畅园鸟瞰图

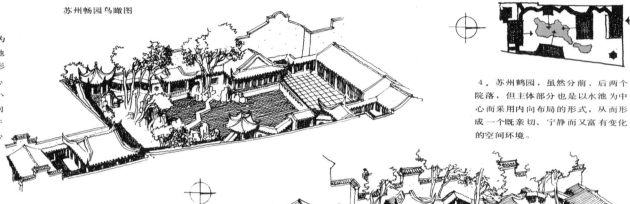

4．苏州鹤园，虽然分前、后两个院落，但主体部分也是以水池为中心而采用内向布局的形式，从而形成一个既亲切、宁静而又富有变化的空间环境。

1．某四合院民居，以内院为中心，是一种典型的内向布局形式。

3．处于市井内的私家庭园，为避免外部的干扰以求得宁静，多取内向布局的形式。图示为苏州畅园，以水池为中心，并环绕水池四周布置建筑，从而具有向心和内聚的感觉。

苏州鹤园鸟瞰图

2．内向布局形式的最大特点是：以自我为中心，"闭关自守"，不考虑外部空间环境的影响及更大范围内的完整统一性。

对内向布局所作的分析图解

5．某些大型皇家苑囿中的园中园，为了求得空间和气氛上的对比，也往往取内向布局的形式。例如颐和园东北部的谐趣园就是一个典型的例子。

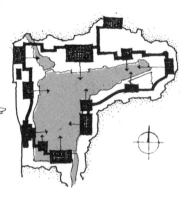

谐趣园平面示意图

颐和园内谐趣园鸟瞰图

内向与外向——2

　　尽管大多数园林建筑采用内向布局的形式，但由于园林建筑毕竟不同于一般的建筑，无论从景观或观景的角度出发，都不能不顾及周围环境而采取"闭关自守"的态度。为此，还是有相当一部分园林建筑，特别是处于大型皇家苑囿中的园中园或建筑群，则多采取部分内向、部分外向、或使内向与外向相结合的布局形式。这样的园中园或建筑群，不仅具有良好的景观效果——外观开敞而富有变化；而且又能给观景提供有利条件——从这里可以眺望或观赏远山近景。应当强调的是：这两点对于园林建筑来讲，具有特殊重要的意义。

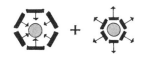

1.上面的分析图表示在一个建筑群中部分采用内向布局形式，部分采用外向布局形式；下面的分析图表示一个建筑群兼有内向和外向两种布局形式的特点。

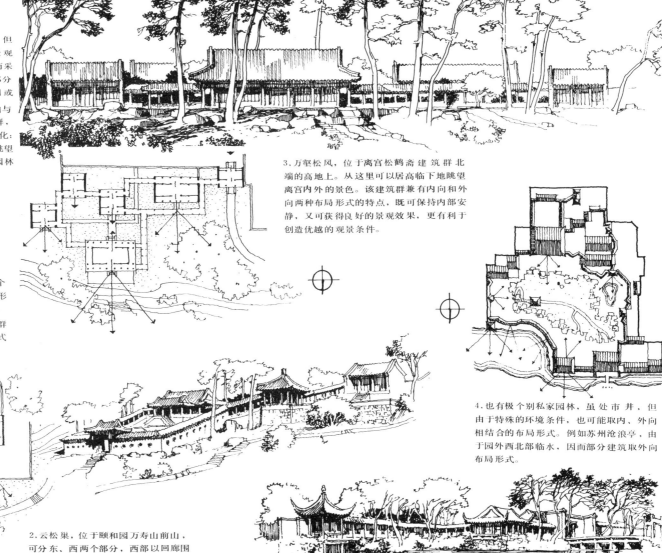

3.万壑松风，位于离宫松鹤斋建筑群北端的高地上。从这里可以居高临下地眺望离宫内外的景色。该建筑群兼有内向和外向两种布局形式的特点，既可保持内部安静，又可获得良好的景观效果，更有利于创造优越的观景条件。

4.也有极个别私家园林，虽处市井，但由于特殊的环境条件，也可能取内、外向相结合的布局形式。例如苏州沧浪亭，由于园外西北部临水，因而部分建筑取外向布局形式。

2.云松巢，位于颐和园万寿山前山，可分东、西两个部分，西部以回廊围成的院落呈内向布局形式；东部则属于外向布局形式。

金山亭建筑群平面图 金山建筑群南立面图

还有少数园林建筑，特别是处于大型皇家苑囿中的建筑群，则完全摒弃一般建筑所习惯采用的内向布局的形式，而代之以外向布局的形式。例如地处四周均被水面包围的岛上的建筑群，通常就适合于采用外向布局的形式。此外，建造在凸起的山地上的建筑群，或被用来当制高点的建筑群也适合于采用这种布局形式。这是因为：山常使人感到阻塞，而水则使人感到畅通，因而人们总是习惯于使建筑物背山而面水。而当所有建筑都背山而面水时，从整体看来将必然形成一种以离心或扩散为特点的外向的格局形式。

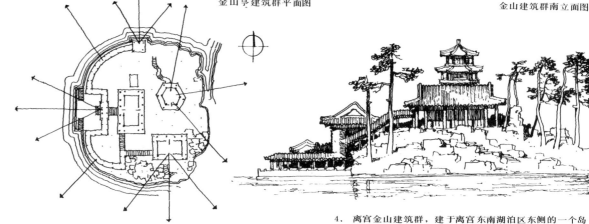

1. 采用外向布局的建筑群，由于建筑物均背向内而面朝外，因而具有离心、扩散等特性。这样的建筑群一般能给人以开敞的感觉。

2. 濠濮间，位于北海东侧，座落在一凸起的山丘上。以游廊连接的建筑群呈曲尺形，属于外向布局形式，较开敞，并可环顾四周景物。

3. 北海琼华岛，为全园景观中心及制高点。绝大部分建筑均背山面水、并以白塔为中心，环绕着岛的四周作辐射形式的布局，具有明显的离心、扩散感。

4. 离宫金山建筑群，建于离宫东南湖泊区东侧的一个岛上，地势突兀，因宜于登临眺望，取外向布局形式。以金山亭为制高点，其它建筑沿岛的南、西、北三面布置，既可观赏园内景色，又可眺望园外远山、寺宇。

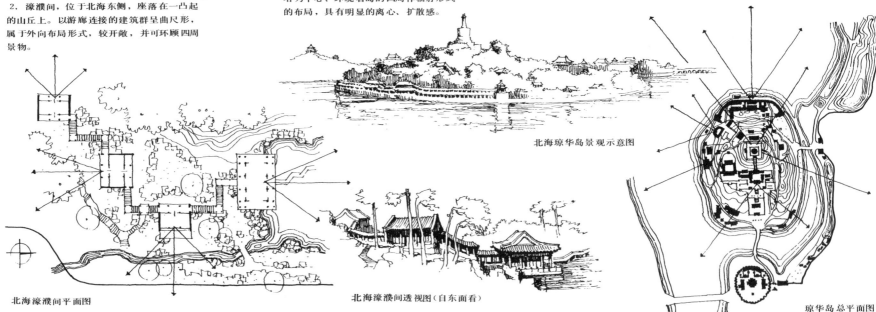

北海琼华岛景观示意图

北海濠濮间平面图

北海濠濮间透视图（自东面看）

琼华岛总平面图

看与被看——I

处于园林之中的建筑物或"景",一般都应同时满足两方面要求:一是被看,一是看。所谓被看,就是说它应当作为观赏的对象而存在,必须具有优美的景观效果;所谓看,就是要提供合适的观赏角度去看周围的景物,从而获得良好的观景条件,上述两方面要求,往往成为建筑物或"景"的位置选择的依据。园林建筑,既无轴线引导,又不讲求平衡、对称或对位关系,乍看起来一切若似任意摆布、纯出偶然,但实际上却又深刻、含蓄地受到这种视觉关系的制约。

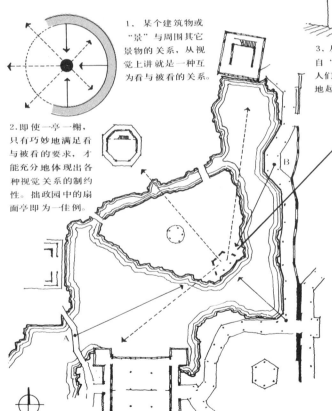

1.某个建筑物或"景"与周围其它景物的关系,从视觉上讲就是一种互为看与被看的关系。

2.即使一亭一榭,只有巧妙地满足看与被看的要求,才能充分地体现出各种视觉关系的制约性。拙政园中的扇面亭即为一佳例。

3.从被看的角度讲,亭的位置选择极巧妙。自"别有洞天"进园后,它首当其冲地成为人们可以捕捉到的第一个景观对象,成功地起到了"点景"的作用。

4.当然,从被看的要求讲,仅考虑到从某一个角度看还是不够的,还必须考虑到从另外若干比较关键部位来看的景观效果。例如扇面亭,无论是从通往"留听阁"的曲桥(A)或通往"倒影楼的水廊(B)中看都能获得良好的效果。右图所示为自水廊转折处看扇面亭的景观效果。

5.从看的方面讲,扇面亭的位置选择和处理也是十分有趣的,不仅正面临水开朗,而且其它三面通过门洞、窗口均有景可对。

B.通过扇面亭背面的扇形窗口可窥见园西北的浮翠阁。

C.通过东北面门洞看倒影楼的对景效果。

A.通过扇面亭西南面门洞看三十六鸳鸯馆的对景效果。

尽管从一般的意义上讲，处于园林之中的建筑都应同时满足看与被看这两方面要求，但这两者并不总是不分主次、轻重而完全均等地体现在每个具体的建筑物上。这就是说针对不同建筑特点，而应有所侧重。例如有些建筑可能以观景为主，对于它来讲虽然也要满足被看的要求，但毕竟还是以通过它来看周围其它景色为主。反之，也有某些建筑可能以点景为主，这样的建筑虽然也有观景的要求，但主要还是以被看为主，这就是说它必须具有优美的体形和富有变化的外轮廓线。此外，这样的建筑一般都考虑到不论从各个方向看，都具有良好的景观效果。

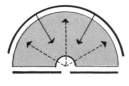

1. 以观景为主的建筑，面对风景优美的方向应完全敞开，以利于最大限度地摄取园中景色。

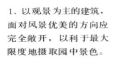
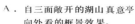

A. 自三面敞开的湖山真意亭向外看的框景效果。

A. 体形高大优美的明瑟楼是留园中部景区北侧的景观重点。

B. 自明瑟楼下可以观赏景区东、北部秀丽景色。

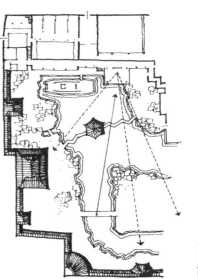

2. "湖山真意"，一所以观景为主的建筑位于狮子林西部景区的北缘，这里可以为观赏园内湖山景色提供最佳视点。建筑取三面亭形式，东、南、西三面完全敞开，可使周围景色尽收于画面。

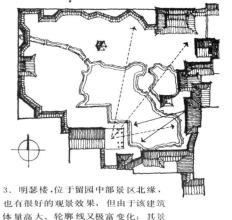

3. 明瑟楼，位于留园中部景区北缘，也有很好的观景效果，但由于该建筑体量高大、轮廓线又极富变化；其景观（被看）价值似更突出。

B. 自湖对岸看湖山真意亭。

看与被看——3

采用集锦式布局的大型皇家苑囿，"景"的位置选择似乎也明显地受到看与被看这两方面因素的制约。一个能够充分发挥观赏效益的风景点或建筑群，必然是既能满足被看的要求——作为被观赏的对象，无论从哪个角度看它都能获得良好的景观效果；同时又能满足看的要求——作为观赏点，从这里又能摄取园内、外各方优美如画的景色。由于各个"景"都遵循上述的原则，因而"景"与"景"之间便处于一种无形的视觉关系网络的制约之中。

C．从湖的西、北、东北岸看都能获得良好效果。图示为自西岸看，粉墙青瓦，屋宇参差，实为北部景区的一颗明珠。

1．烟雨楼，作为被看对象，沿山庄北部湖岸四周看，均有良好效果。

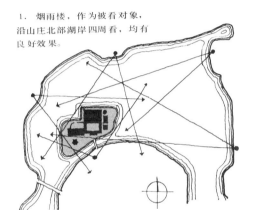

A．绕过如意洲建筑群后，烟雨楼便横陈眼前，似有"山穷水尽疑无路，柳暗花明又一村"之感。

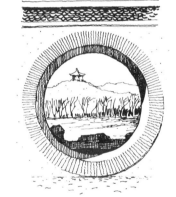

A．自建筑群西部对山斋后院通过圆洞门恰巧看到南山积雪亭。在这里，极其巧妙地运用了对景的手法。

B．自湖的东岸向西看，被远山近水所衬托的烟雨楼，高低错落，层次极富变化，具有极好的景观效果。

2．作为观景点，从这里又能巧妙地摄取各个方向的景物。

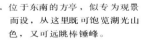

B．位于东南的方亭，似专为观景而设，从这里既可饱览湖光山色，又可远眺棒锤峰。

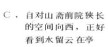

C．自对山斋前院狭长的空间向西，正好看到水留云在亭

对于大型皇家苑囿来讲，无论是"景"的位置选择或建筑群本身的平面及体形组合，在不同程度上都会受到看与被看这两种视觉要求的制约。这种制约关系有时表现得很明显、很严格，有时则不甚明显、不甚严格。例如凡是被用作对景的对象，或用作框景的景框，它们之间的制约关系就比较明显而严格；而一般的借景，其制约关系则不甚严格；尤其是摄取一般自然风景，其灵活性则更大。即使是对景、框景、尽管制约关系比较严格，也力求含蓄自然，尽量表现为一种无所为而为的样子。

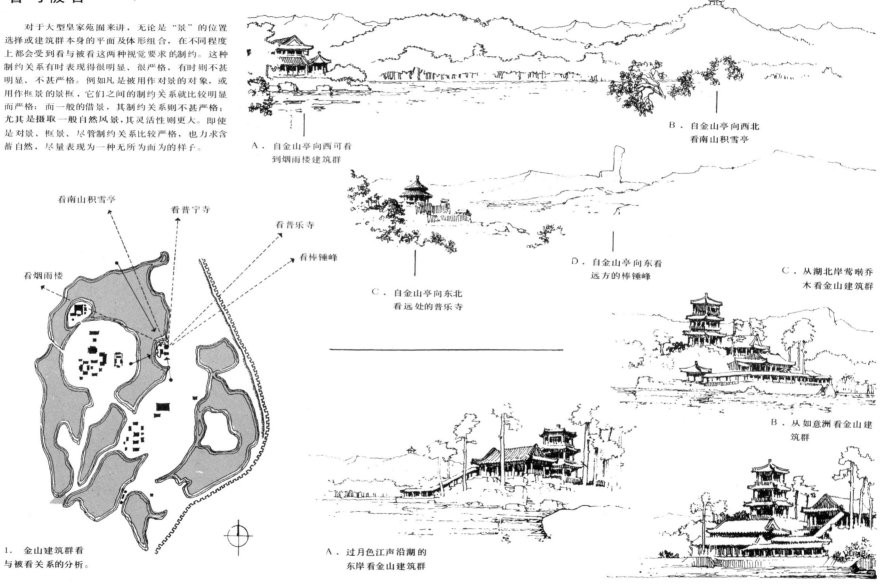

A．自金山亭向西可看
到烟雨楼建筑群

B．自金山亭向西北
看南山积雪亭

D．自金山亭向东看
远方的棒锤峰

C．自金山亭向东北
看远处的普乐寺

C．从湖北岸莺啭乔
木看金山建筑群

B．从如意洲看金山建
筑群

A．过月色江声沿湖的
东岸看金山建筑群

看南山积雪亭
看普宁寺
看普乐寺
看棒锤峰
看烟雨楼

1．金山建筑群看
与被看关系的分析。

主从与重点——I

主从分明、重点突出是达到统一所必须遵循的原则。西方古典建筑和我国传统的宫殿、寺院建筑都显而易见地体现出这一原则。中国园林则不然，由于走再现自然的路子，而自然本身并不处处都明显地呈现出孰主孰从的差异，因而主从分明、重点突出这一构图原则在中国园林中通常都是以比较含蓄、隐晦的方式来表现的。这往往会给人一种误解：似乎中国园林根本无视这一原则。然而由于中国园林毕竟还是人工创造的产物，和一切艺术品一样，只要通过细心观察便不难发现，不论大、中、小园，为了求得统一，都必然要以这样或那样的方式来体现这一原则，即使是极小的庭园也不例外。

5．秉礼堂后院，极狭长，与主景区无直接联系，但透过秉礼堂可与之互相渗透。

1．寄畅园秉礼堂庭园，虽规模极小，但却自成一体，主要景区位于堂前，其它各附属空间起烘托陪衬作用，主从关系较为分明。

4．秉礼堂西侧小院，呈长方形，本身虽平淡无奇，但通过门洞却可窥见主要景区，也系依附于主景区的从属小院。

3．园西北角小院，由游廊转折而形成，呈方形，极小，内植腊梅一株。这个小院对主要景区起极好的衬托作用。

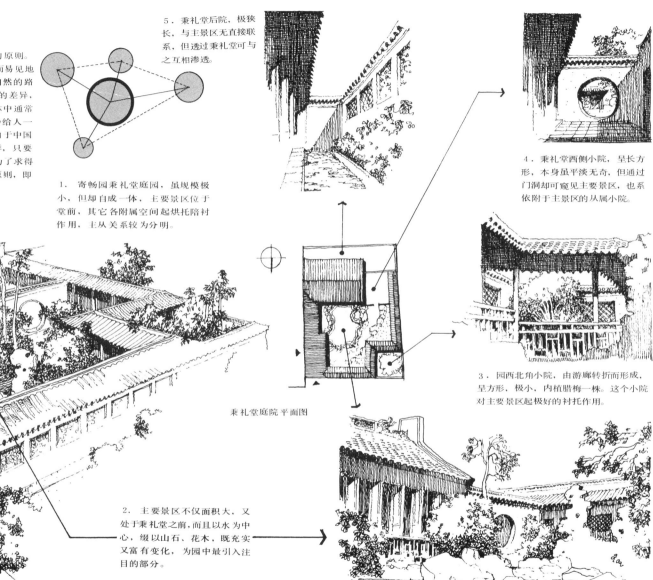

秉礼堂庭院 平面图

无锡寄畅园秉礼堂庭院鸟瞰图（根据《江南园林图录》复制）

2．主要景区不仅面积大，又处于秉礼堂之前，而且以水为中心，缀以山石、花木，既充实又富有变化，为园中最引入注目的部分。

对于稍大或中型园林来讲，空间和景观的组成更为复杂。面对这种情况，若不分主次而平均对待，必然会使人感到平淡无奇。为避免出现这种情况，一般多在组成全园的众多空间中选择一处作为主要景区。这一部分空间一般要比别处大一些，但尤为重要的是景观内容要丰富、有趣，并具有更大的吸引力。另外，在一般情况下还多把园内主要厅堂安排在这里，一方面借它高大的体量和华丽的装饰起画龙点睛作用，同时又可借它的功能特点而把更多、更主要的活动集中在这里，以便充分发挥主要景区的作用。

A—A' 剖面图

苏州怡园平面图

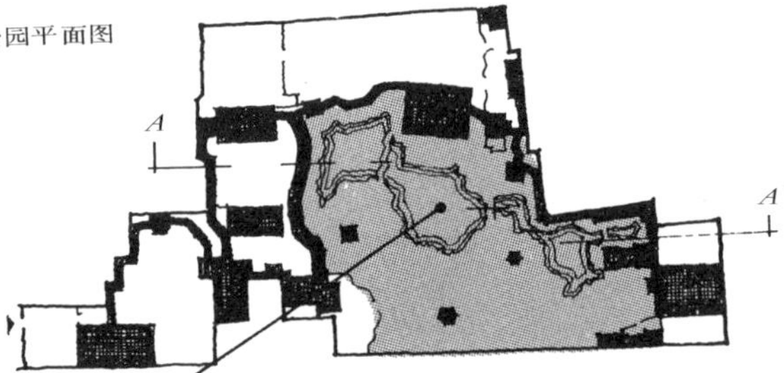

A' 主从与重点分析图

1. 苏州怡园，为一中等规模私家园林，由若干空间、景区所组成，主要景区位于藕香榭北，以水池为中心，山石林立，花木葱茏，景色为全园之冠。

2. 藕香榭，名曰榭，实则园中最大厅堂之一，位于主要景区之南，成为景区空间的一面屏障，对突出主景区起画龙点睛的作用。

3. 环列于主景区周围的小院，借大小空间的强烈对比，十分有效地突出了主要景区。

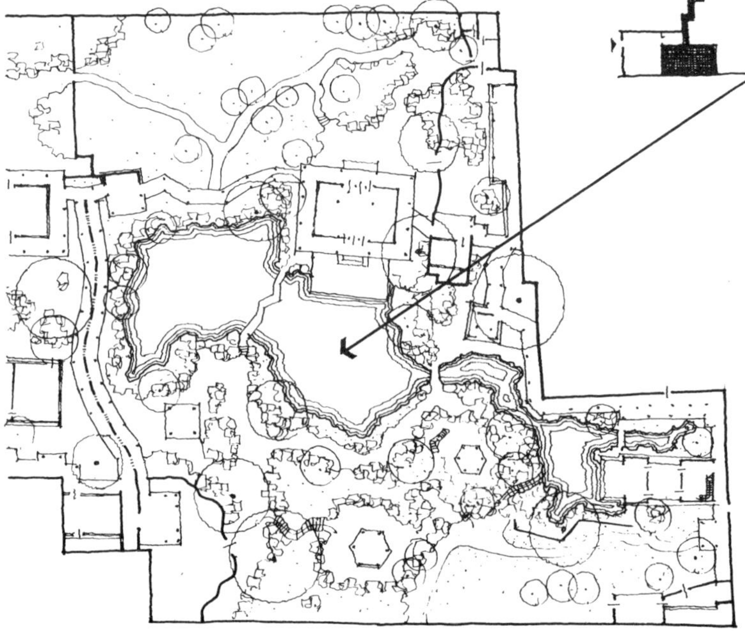

注：本图系根据《苏州园林》一书复制

主从与重点——3

　　某些大型私家园林，其空间组成之复杂和数量之多，简直难以胜数，这种园通常都可以比较明确地划分成为若干相对独立的部分。但这些部分也不是等量齐观的，其中必有一个部分更突出、更吸引人，从而在整体中起主导和支配作用。对于大园来讲，这一部分所占的面积并不一定是最大的，但空间处理和景观组织必须是最曲折、最富有变化的。如果达到了上述要求，即使主要厅堂不在其内，也不会影响它在园内所占的独特地位。

A—A′剖面图

1. 留园，属大型私家园林，其中部面积并不显著大于其它部分，且主要厅堂又不在其内，但由于景观内容充实而极富变化，实为全园精华荟萃的中心。

2. 留园中部，不仅水波潋潋、花木繁茂、怪石丛生，而且亭台楼阁栉比鳞次、参差错落、疏密相间、极富层次变化，为它处所不及。

对于某些大型私家园林来讲，有时还不能停留在把园内某个相对独立的部分整个地当作全园的重点和中心来对待。这是因为这种部分本身就相当大，有时甚至比某些独立的中等规模的园还要大、还要复杂，而为使主题和重点得到足够的突出，则必须把要强调的中心范围缩得再小一点，换句话说，就是要使某些部分成为重点之中的重点。

左图示拙政园中、西两部分平面，上图示重点中的重点分析。

2. 远香堂虽属园中最大厅堂，但从园林景观角度看，其周围景色似不如南轩以西以水景为主题的景色更富变化。

拙政园南部立面图（局部）

拙政园中部景区示意图

3. 与南轩以西水景相比，远香堂以东一带的景色也略嫌平淡。

1. 拙政园，属大型私家园林，分东、中、西三部分，中部为全园重点景区。在这一部分中，又以南轩及其以西的水景最佳，堪称为重点中的重点。

主从与重点——5

也有少数园林建筑，主从关系异常分明，例如某些皇家苑囿中的园中园就是这样。这种园林建筑还没有完全摆脱一般建筑所恪守的整齐一律和均衡对称的构图原则的影响，因而从某些方面看它多少还保留一些宫殿、寺院或一般民居建筑的布局特征：把需要突出的重点或中心放在地位突出、显要的中轴线上；主要厅堂体量高大、装饰华丽；主体部分平面严整、方正……从而在整体中形成一个集中、紧凑的核心。其它空间院落都环绕着它的四周并紧紧地依附着它，起烘托陪衬作用，尽管后者的园林气氛比前者还要浓郁。

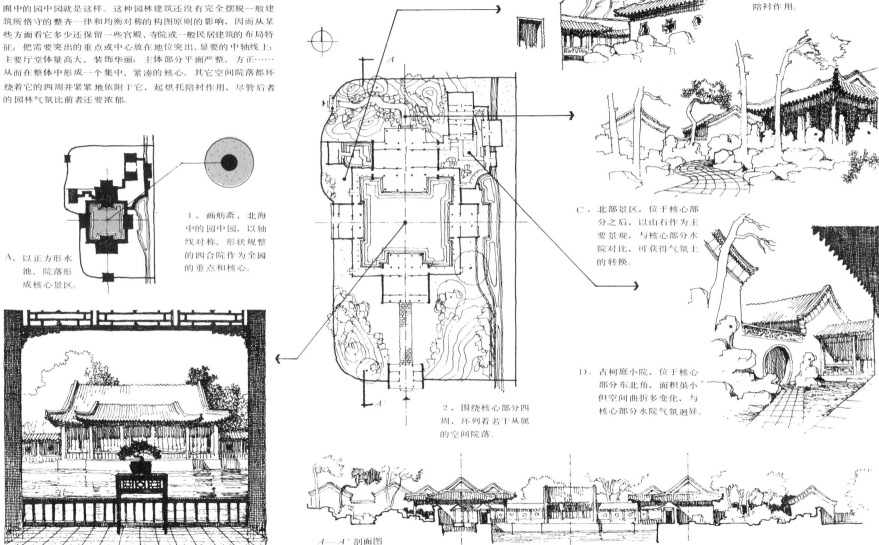

A. 以正方形水池、院落形成核心景区。

1. 画舫斋，北海中的园中园，以轴线对称、形状规整的四合院作为全园的重点和核心。

2. 围绕核心部分四周，环列着若干从属的空间院落。

B. 西北小院，空间既狭小又封闭，有曲廊与主要厅堂画舫斋相通，对核心部分起烘托陪衬作用。

C. 北部景区，位于核心部分之后，以山石作为主要景观，与核心部分水院对比，可获得气氛上的转换。

D. 古柯庭小院，位于核心部分东北角，面积虽小但空间曲折多变化，与核心部分水院气氛迥异。

A—A′ 剖面图

采用集锦式布局的大型或特大型皇家苑囿，由于范围大、占地广，仅用突出某个景区或风景点的方法以达到主从分明，显然是难以奏效的。这样的园为避免松散、凌乱，比较有效的方法就是结合自然地形变化，在园内选择凸兀的高地，并在这里比较密集地设置建筑群或风景点，特别是在其顶峰建造高塔或楼阁，从而形成一个制高点，通过它既可俯瞰全园，另外，从园的四面八方又都能清晰地看到它的立体轮廓线，只有这样，才能起到控制全园的作用。

1．北海，为明、清西苑的一部分，规模大、占地广，利用突出于水中的琼华岛并在其上叠山石、建殿宇及喇嘛塔，从而使之成为全园的中心及制高点。

在大型皇家园林中以制高点控制全园的分析图

A．自园的南入口（A）看琼华岛及白塔，五光十色的殿宇掩映于绿树丛中，与白塔构成强烈对比，使塔的形象更加突出鲜明。

B．从园西北（B）看白塔，虽仅留下剪影，但轮廓线仍极分明。

2．琼华岛位于园东南水中，不仅建筑密集，而且以人工堆筑的土山高耸突兀，加之又在其顶部建一高塔，外轮廓线十分突出，不论从园的那一部分看，都成为吸引人的视线的唯一的焦点。

主从与重点——7

特大型皇家苑囿，随着规模的增大，对制高点的控制力的要求也愈高。这不仅意味着它必须具有足够的体量和高度，而且还要求具有一定的气势和烘托。和一般的私家园林刻意追求小巧、玲珑、朴素、淡雅迥然不同，大型或特大型皇家苑囿并不排斥在其重点或中心部位，有意识地以轴线对称的方式来排列建筑或组织空间院落，从而借此形成一种气势，以烘托陪衬起控制全园作用的制高点。

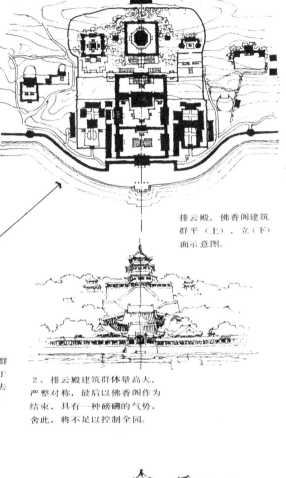

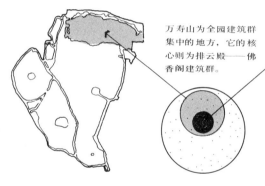

万寿山为全园建筑群集中的地方，它的核心则为排云殿——佛香阁建筑群。

排云殿、佛香阁建筑群平（上）、立（下）面示意图。

1．颐和园，属大型皇家苑囿。它的主要风景点和建筑群均集中于万寿山前山，设若没有排云殿这一组建筑群位于中央，并形成一条强烈的中轴线，不仅会使佛香阁因失去烘托而显得孤立，同时也会削弱它作为制高点的控制力。

2．排云殿建筑群体量高大、严整对称，最后以佛香阁作为结束，具有一种磅礴的气势，舍此，将不足以控制全园。

3．居于万寿山正中的佛香阁，体量高大、地位突出，既表现出为帝王服务大型苑囿的性格特征，又成为控制全园的制高点。

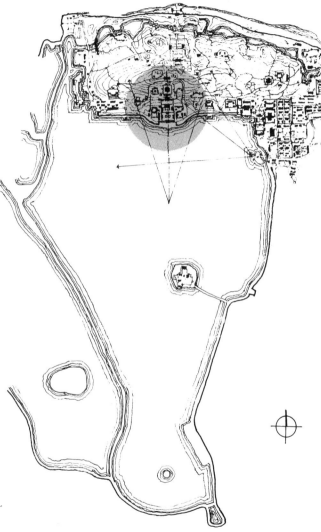

4．辽阔开朗的昆明湖，约占全园面积四分之三，不论从湖的哪一角度都能看到佛香阁优美、突出的外轮廓线。

把具有显著差异的两个空间毗邻地安排在一起，
将可借两者的对比作用而突出各自的特点。例如使
大小悬殊的空间相连接，当由小空间进入大空间时，
由于小空间的对比衬托，将会使大空间给人以更大
的感觉。江南一带私家园林多居市井，由于占地小
规模有限，为了求得小中见大，多借这种欲扬先抑
的方法来突出园内的重点或主要景区。

C．至C处顿感豁然开朗。

D．入园后第一个观赏点

1．南京瞻园空间对比分析。

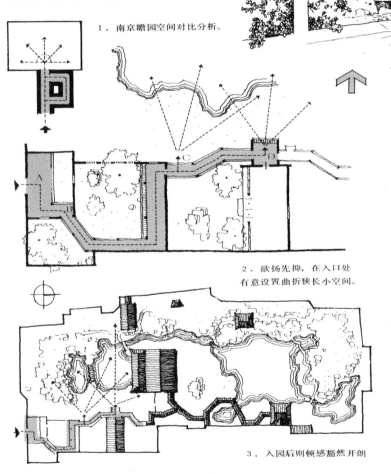

2．欲扬先抑，在入口处
有意设置曲折狭长小空间。

A．自入口向内看

B．自入口向右转入曲折狭长小空间

4．瞻园入口部分空间处理

3．入园后则顿感豁然开朗

空间的对比——2

苏州的某些私家园林，其入口极其曲折狭长，这往往是由于其它原因造成的，但如能巧妙地利用它而使之与园内主要空间进行对比，则可获得极好的效果。例如留园，它的入口既曲折狭长，又十分封闭，但由于处理得很巧妙，不仅不使人感到沉闷、单调，相反，正是由于充分利用它的狭长、曲折和封闭性而使之与园内主要空间构成强烈对比，从而有效地突出了园内主要空间。

F．位于末端的最后一个小院

G．穿过曲折、狭长、封闭空间后到绿荫，空间豁然开朗。

1，曲折、狭长、封闭的空间极大地压缩了人的视野，过此，则使人感到豁然开朗。

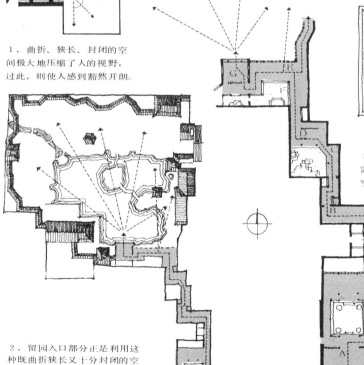

E．隔漏窗窥见园内景物

3．为避免单调、沉闷，需对曲折、狭长、封闭的空间作巧妙处理。

D．又窄又封闭的廊子

C．又一个小的内院

2，留园入口部分正是利用这种既曲折狭长又十分封闭的空间来与园内主要空间进行对比，从而当人们穿越它进入主要空间时，便顿觉豁然开朗。

A．进园后第一个小院

B．狭长多变的曲廊

还有一些私家园林，它的入口部分空间似乎专门为了烘托陪衬园内主要空间而设。例如扬州何园，它的入口部分空间凹入园内，并镶嵌在东西两个部分之间，本身虽不曲折狭长，但却异常封闭，经由这样的空间进入园内（不论是西部或东部），必然由于小与大以及封闭与开敞的强烈对比，而使园内主要空间获得扩大感。何园正是借这种对比作用而有效地突出了园内主要空间。

1．何园入口部分空间既小又极封闭，似专为衬托园内主要空间而设，过此进入园的东、西两部，均可获得良好的对比效果。

D．再向前，可透过漏窗看西部景物。

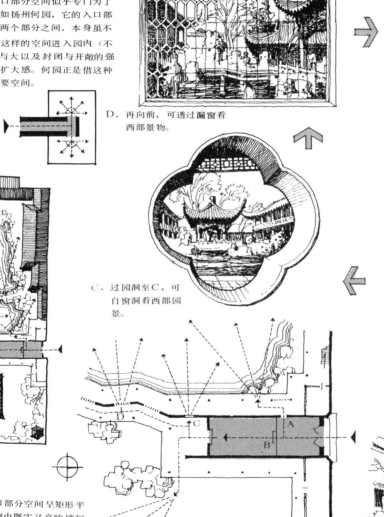

C．过园洞至C，可自窗洞看西部园景。

E．一旦进入西部主要景区，则可借入口部分空间的对比作用而获得一种开朗感。

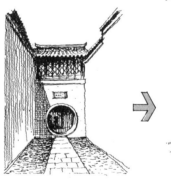

B．入口部分小院

A．由入口小院向西可进入园的主要景区。先透过花格可隐约窥见园中景物。

2．入口部分空间呈矩形平面，两侧由既实又高的墙垣所围成，异常封闭，设门与园的东、西两部分相通。

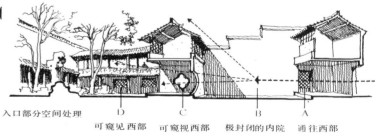

入口部分空间处理

可窥见西部　可窥视西部　极封闭的内院　通往西部

空间的对比——4

空间对比手法的运用，不单限于园的对外入口部分的空间处理，同时还要考虑到从住宅部分进园时给人的感受。例如某些依附于住宅一侧的私家园林，为了求得小中见大，每每在住宅与园林空间之间插进一些过渡性的小空间，以便利用它与园内主要空间进行对比。这样，当人们经过小空间之后再进入园内，便可借前者的衬托而使园内主要空间显得更加开阔。

借插入小空间求得对比分析图

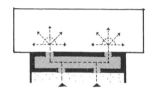

1．苏州网师园，在住宅与庭园之间插入一条又小又封闭的过渡性小空间，通过它进入园内，便可借强烈对比作用而使人顿觉开朗。

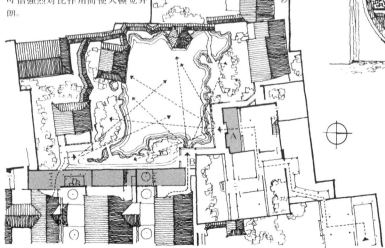

3．穿过园洞门进入射鸭廊，瞬息之间园内景色便横陈眼底，开阔之感油然而生。

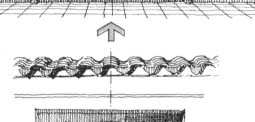

2．从射鸭廊北部小院通过圆洞门先窥见园内局部景物——小山丛桂轩，这是从北部入园必经的途径之一（A）。

4．由园东北角水榭入园（B），由于先经过一段又窄又暗的小空间，待进至园内便顿觉开朗。

5．由小山丛桂轩处入园（C），也须先经过插入的小空间，同样可借对比而获得豁然开朗的感觉。

　　还有少数私家园林，如苏州的怡园，由于种种原因使得它的主要景区位于园的后部，与园的入口及住宅部分均无直接联系。即使处于这种情况，为了突出主要景区，也往往在通往主要景区之前适当安排一些较小的空间院落或较曲折的游廊，使人的视野一直处于收束状态，待由这里走进园的主要景区时，随着视野的突然开放，必将产生某种意想不到的兴奋情绪。

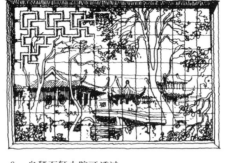

6．自拜石轩小院可透过
复廊漏窗窥见主要景区。

〔7．至南雪亭，空间豁然开朗。

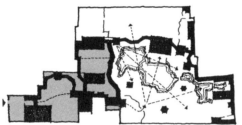

1．苏州怡园，进入主要景区前必须穿过较小的空间院落或曲折的游廊。

2．入园后分两路进入主要景区：一路穿过拜石轩前小院至南雪亭（A）进入主要景区；另一路穿过曲廊至锁绿轩（B）进入主要景区，两条路线均可借空间的对比而有效地烘托主要景区。

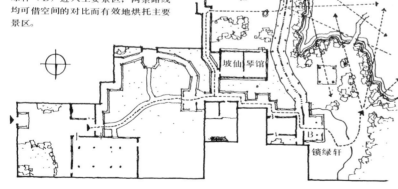

5．过小院主要景区便全部展现眼前

3．坡仙琴馆小院及曲廊，空间既小又曲折。

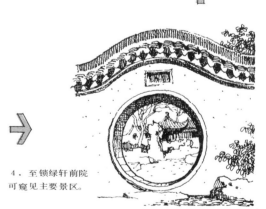

4．至锁绿轩前院可窥见主要景区。

空 间 的 对 比 ——6

　　严整的空间院落与富有自然情趣的空间院落之间
也可以构成气氛上的对比。如北海静心斋，它的入口
部分为一严整矩形水院，但位于其后的主要景区则为
一横向展开的不规则的院落，院中既有曲折的水池，
又有林立的山石，花草树木更是十分繁茂，当由严整
的水院来到这里，顷刻之间气氛突变，从而强烈地感
受到一种自然情趣。

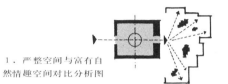

1．严整空间与富有自
然情趣空间对比分析图

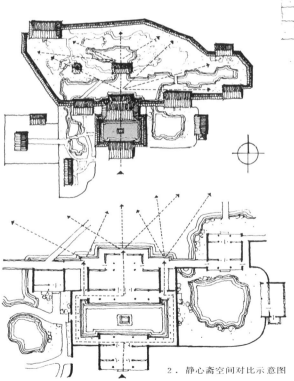

2．静心斋空间对比示意图

3．入园后，首先来到静
心斋主要厅堂前方整的水
院，气氛十分严肃。

4．通过迴廊自两
侧绕过水院，可进
入静心斋主要厅堂。

5．过厅堂，来到园的主要景区，
一派自然情趣突然间呈现于眼前，
可使人的情绪为之一振。

6．前后两院气氛迥然不同，判
若两个天地，利用两者对比，可
大大增强主要景区的自然情趣。

两个相毗邻的空间院落，即使大小、形状、开敞或封闭的程度均无显著差别，但仅仅因为内部的处理不同，也可以构成强烈的对比关系。例如故宫内的乾隆花园，它的第一进院子较曲折多变化；第二进院子较严整开阔；第三进院子由于大量堆叠山石，从而造成一种极为拥塞、曲折的气氛，当人们从一个空间院落进入另一个空间院落，将会借强烈的对比、衬托，而使各自的特点更加鲜明强烈。

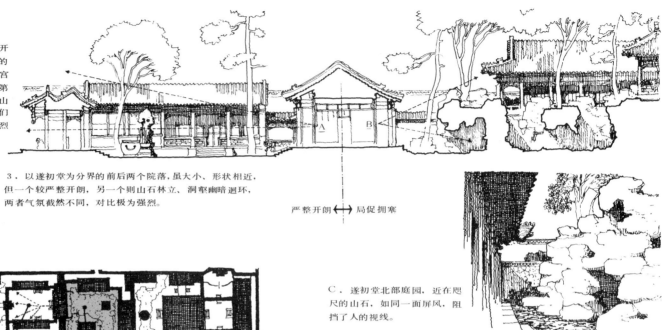

3．以遂初堂为分界的前后两个院落，虽大小、形状相近，但一个较严整开朗，另一个则山石林立、洞壑幽暗迥环，两者气氛截然不同，对比极为强烈。

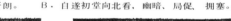
严整开朗 ⟵⟶ 局促拥塞

1．由拥塞局促空间进入开敞空间的分析

2．乾隆花园中的遂初堂，取四合院形式，既严整又开朗，与之相邻的后一个院子则十分拥塞局促，两者对比极为强烈。

C．遂初堂北部庭园，近在咫尺的山石，如同一面屏风，阻挡了人的视线。

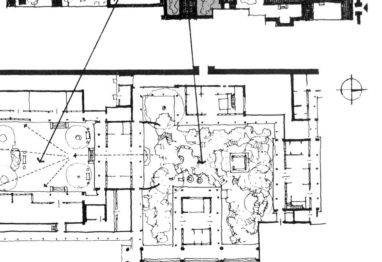

A．自遂初堂向南看，明快开朗。 B．自遂初堂向北看，幽暗、局促、拥塞。

空间的对比——8

与私家园林不同，大型皇家苑囿，规模大，占地广，加之园的入口部分又必须安排一些处理朝政的殿宇，为此，多借以人工形成的、比较严整、封闭的空间院落与辽阔无垠的自然风景（空间）相对比，以期获得令人惊叹不已的感觉。例如颐和园，入口部分的仁寿殿及其后的玉澜堂，均属人工形成的四合院，既严整又较封闭，待穿过这些空间来到昆明湖畔，顷刻间大自然的湖光山色全呈眼底。这时，人的视野犹如脱缰之马，可以纵横于无边无际的原野，自不免有惊叹不已之感。

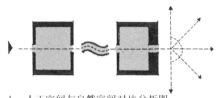

1．人工空间与自然空间对比分析图

正对着玉泉山塔

2．位于入口部分的仁寿殿，是处理朝政的地方，其前院较严整、方正，穿过仁寿殿经一段曲径至玉澜堂四合院，既方正又封闭，过小院至昆明湖，空间豁然开朗。

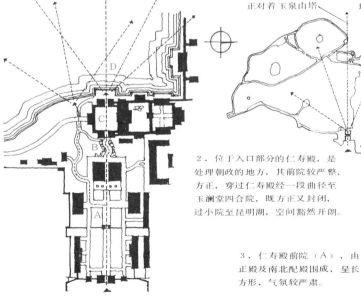

3．仁寿殿前院（A），由正殿及南北配殿围成，呈长方形，气氛较严肃。

6．出西配房至昆明湖岸（D），视野突然开阔，昆明湖及西山一带自然景色全呈眼底。

4．连接仁寿殿与玉澜堂的"夹巷"（B），既曲折狭长，又十分封闭。

5．过玉澜堂前院（C）至西配房，即可透过槅扇窥见昆明湖及玉泉山塔影。

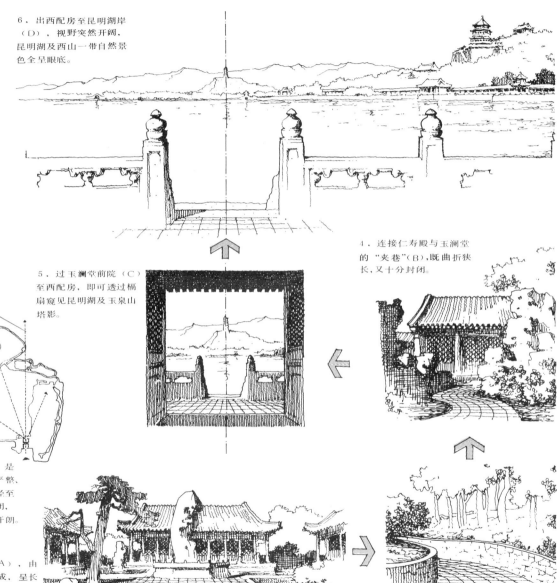

和颐和园相似，另一个大型皇家苑囿承德离宫，也是以一连串人工形成的内院与自然空间相对比，从而取得了极好的效果。位于离宫东南的正宫与松鹤斋建筑群，均属皇帝处理朝政及生活用房，由若干进封闭的空间院落分别沿着两条相互平行的轴线串联成为空间序列。当人们穿过这些用人工围成的小院至万壑松风建筑群，或登上云山胜地楼，便可一览离宫的远山近水。这时，一直处于收束状态的视野突然开阔，从而使人为之一振。

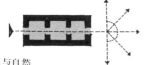

1．以一列内院与自然空间进行对比分析图。

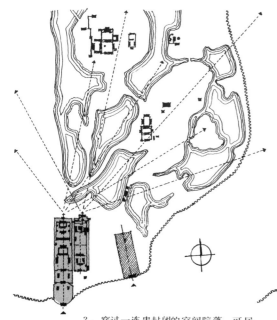

2．穿过一连串封闭的空间院落，可居高临下俯瞰离宫内外的自然景色。

3．万壑松风，位于松鹤斋建筑群北端，座落在高地上，临北一面视野极其开阔。

4．特别是自一连串封闭的内院来到万壑松风的北面，辽阔开朗之感尤为强烈。

5．自云山胜地楼上向北可遥望西北部山区，层峦叠翠，古木参天，自然情趣极佳。

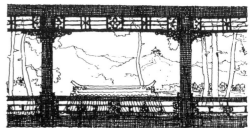
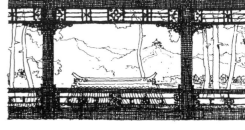

6．登上云山胜地楼之前，视野一直处于收束状态，只是在上楼的一刹那，视野才得以开放，从而更加强了人的兴奋感。

藏 与 露 ——I

我国古典诗词、绘画都十分注重以含蓄、曲折、隐晦的手法来追求一种象外之象或弦外之音。诗论中所讲的不著一字，尽得风流；画论中强调意贵乎远，境贵乎深，所向往的就是这样一种艺术境界。传统的造园艺术也往往认为露则浅而藏则深，为忌浅露而求得意境之深邃，则每每采用欲显而隐或欲露而藏的手法，把某些精采的景观或藏于偏僻幽深之处，或隐于山石、树梢之间。传统园林，不论大小，都极力避免开门见山，一览无遗，总是千方百计地把"景"部分地遮挡起来，而使其忽隐忽显，若有若无。

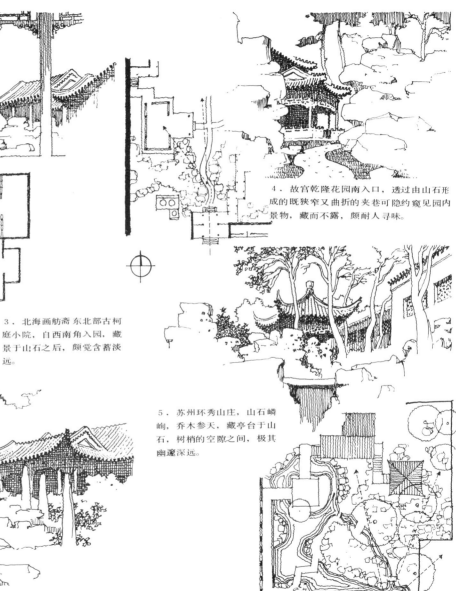

4．故宫乾隆花园南入口，透过由山石形成的既狭窄又曲折的夹巷可隐约窥见园内景物，藏而不露，颇耐人寻味。

1．全然显露的对象往往没有半藏半露的对象显得含蓄、意远、境深；更引人入胜；更富有情趣。

2．北海画舫斋后院，自西北角门入园，有曲径通往厅堂，建筑含而不露，藏于山石、树丛之间。

3．北海画舫斋 东北部古柯庭小院，自西南角入园，藏景于山石之后，颇觉含蓄淡远。

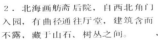

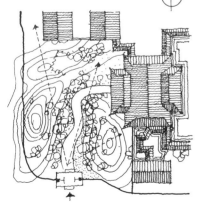

5．苏州环秀山庄，山石嶙峋，乔木参天，藏亭台于山石，树梢的空隙之间，极其幽邃深远。

　　藏与露是相辅相成的，只有巧妙处理好两者关系才能获得良好的效果。藏少露多或藏多而露少给人的感受是很不相同的。藏少露多谓浅藏，可以增加空间层次感；藏多而露少谓深藏，可以给人以极其幽深莫测的感受。但即使是后者，也必须使被藏的"景"得到一定程度的显露，只有这样，才能使人意识到"景"的存在，并借此产生引人入胜的诱力。

1．一般的建筑，总是力图把正面坦荡地展现于外，园林建筑则不然，有时竟不惜把正面也遮掩起来。

2．然而，对于大多数园林建筑来讲，多藏于由山石形成的夹谷之后，或由树的枝叶交织成的网络的缝隙之中。

A．卧云室，正面几乎全部为石林所遮掩，仅楼阁一角显露于外，暗示自指柏轩过桥，必有小径与之相通。

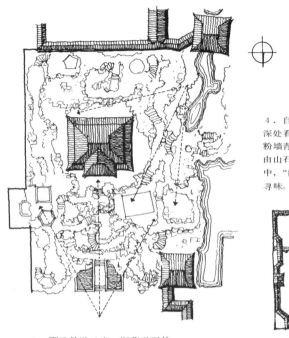

3．狮子林卧云室，深藏于石林丛中，四周怪石林立，松柏蔽天，仅楼之一角间或从缝隙中隐约可见，幽深莫测。

4．自留园中部水谷深处看曲谿楼一角，粉墙青瓦若隐若现于由山石形成的夹谷之中，"藏"的意境耐人寻味。

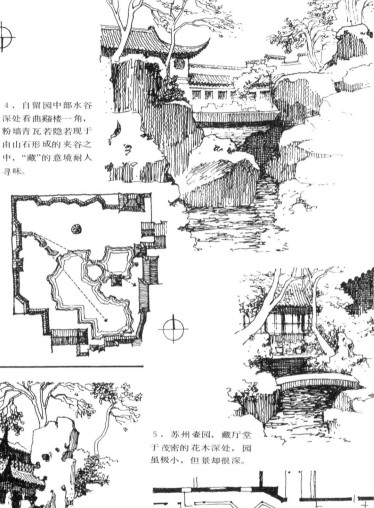

5．苏州壶园，藏厅堂于茂密的花木深处，园虽极小，但景却很深。

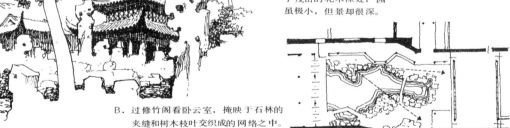

B．过修竹阁看卧云室，掩映于石林的夹缝和树木枝叶交织成的网络之中。

引 导 与 暗 示——I

和藏与露相联系的是引导与暗示。某些藏得很深的景，如果没有引导便无从接近，这样的景或者可望而不可及，或者根本不能被发现。至于露，它本身就有暗示的作用。借助于空间的组织和导向性，将可以起引导与暗示作用，例如园林中的游廊——呈极细长的空间形式——通常具有极强的导向性。由于它总是向人们暗示沿着它所延伸的方向走下去必然会有所发现，因而处于其中的人总不免怀有某种期待情绪，巧妙地利用这种情绪，便可以借游廊把人不知不觉地引导至某个确定的目标——景所在的地方。

1．廊，呈极细长的空间形式，具有十分强烈的纵向延伸感，可起引导与暗示作用。

2．江南一带私家园林，多把主要景区置于园的纵深处，为此，必须在入口处设置游廊并借它把人引导至主要景区。图示为南京瞻园入口部分的空间引导处理分析。

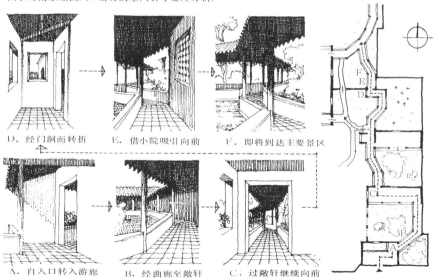

D．经门洞而转折　　E．借小院吸引向前　　F．即将到达主要景区

A．自入口转入游廊　　B．经曲廊至敞轩　　C．过敞轩继续向前

3．苏州畅园，其主要厅堂留云山房位于园的后部，入园后过桐华书屋便经曲折游廊把人引导至留云山房。左图示游廊转折处处理情况。

4．颐和园的入口位于东部，而主要景区则分布在园的纵深处——万寿山前，两者相距甚远，但由于在万寿山前麓设置了一条横贯东西的长廊，从而成功地把人流引导至主要景区。

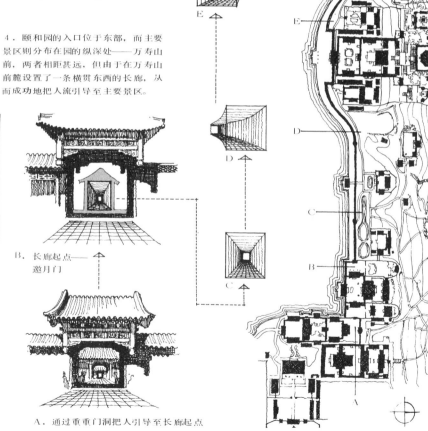

B．长廊起点——邀月门

A．通过重重门洞把人引导至长廊起点

除游廊外，其它如路、踏步、桥、墙垣等也可起引导与暗示作用。凡路必有所通，而通就会使人产生向往和期待情绪，从这个意义上讲，一切路均具有引导作用。园林中的路为求得含蓄、深邃，总是忌直而求曲；忌宽而求窄，这样的路将更能引起人们探幽的兴趣。带有踏步的路可引导人们从低处走向高处；通过小桥而跨越水面的路可以把人由此岸引向彼岸，这些，都具有引人入胜的诱力。在园林中某些含而不露的景，往往就是借它们的引导才能于不经意中被发现，从而产生一种意想不到的效果。

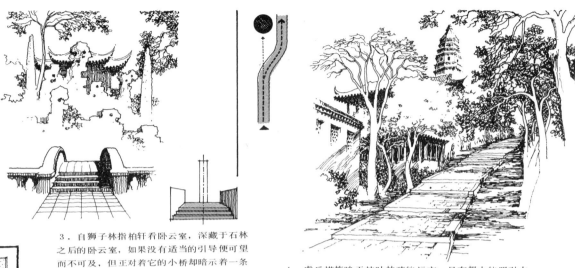

3．自狮子林指柏轩看卧云室，深藏于石林之后的卧云室，如果没有适当的引导便可望而不可及，但正对着它的小桥却暗示着一条通往它的必由之路。

4．虎丘塔掩映于枝叶扶疏的远方，且有极大的吸引力，通过一级一级的弯弯山道，便可以把人引导至它的附近。

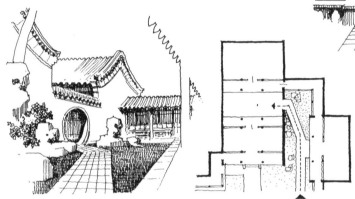

1．北海画舫斋 东北部古柯庭，它的最后一进小院藏得很深，但由于圆洞门的暗示和曲径的引导，人们便不知不觉走向这里。

2．留园中部小景，半藏半露的梧竹幽居亭呈现于曲径通往的远方，可引导人们循此而探幽。

5．杭州黄龙洞，作为寺庙园林它的主要景区距入口甚远在这里主要是通过石阶与墙垣的巧妙配合，从而成功地把人自入口引导至主要景区。

疏与密——I

绘画《六法》中曾有经营位置一说，它不仅关系到绘画的构图处理，而且还涉及到书法、篆刻等艺术的布局处理。为求得气韵生动，在位置经营上必须有疏有密而不可平均对待。所谓"疏处可以走马，密处不使透风"所指的就是极强烈的疏密对比。我国传统园林的布局和位置经营也毫无例外地恪守这一构图原则。例如苏州留园，它的建筑分布就是极不均匀的，有些地方极其稀疏，有的地方则十分稠密，由于对比异常强烈，常使人领略到一种忽张忽弛，忽开忽合的韵律节奏感。

1．均匀分布，无变化、无活力、无生气，疏密相间，则可能达到气韵生动。

2．留园的建筑分布极不均匀，疏密对比极为强烈。石林小院附近，屋宇鳞次栉比，内外空间交织穿插，使人有应接不暇之感，但有些部分的建筑则十分稀疏、平淡，从而使人弛而不张。

A—A′剖面图

3．除建筑外，留园山石的分布也有明显的疏密对比与变化。

园林中的山石 ▲

园林中的建筑 ●

4．平面布局上的疏密对比与变化，反映在空间（剖面）和立面上，则呈现出一种忽张忽弛、忽开忽合，具有起伏变化的节奏感。

除建筑外、构成园林的其它要素如山石、林木以及水的分布也应有疏密的对比与变化。或者换句话说，就是要以集中与分散相结合的方法来安排上述各种要素。例如苏州狮子林，除建筑布局外，其山石的分布也有极明显的疏密对比：密的地方如千岩万壑，疏的地方仅数峰兀立。其它如花木的种植也多使丛植与孤植相结合，从而获得良好疏密对比与变化。

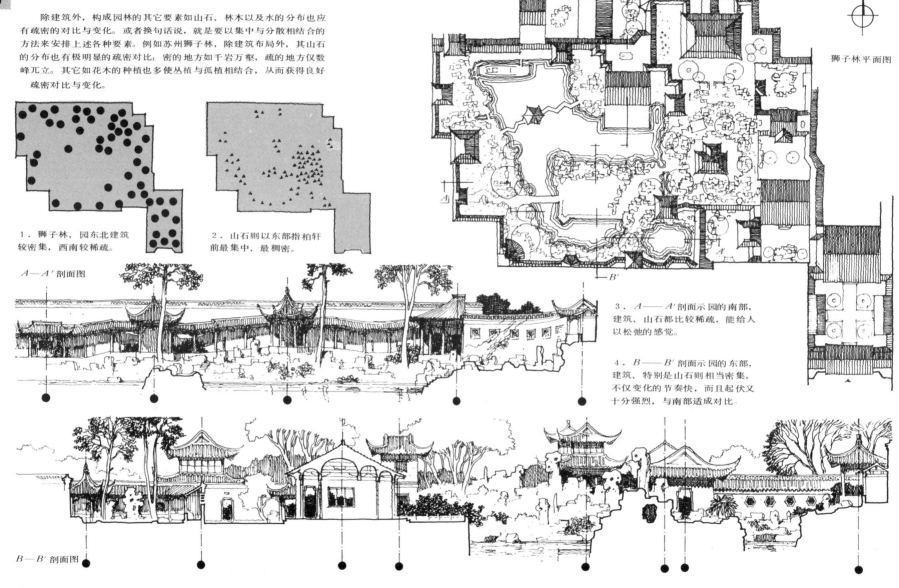

狮子林平面图

1．狮子林，园东北建筑较密集，西南较稀疏。

2．山石则以东部指柏轩前最集中、最稠密。

A—A′剖面图

3．A——A′剖面示园的南部，建筑、山石都比较稀疏，能给人以松弛的感觉。

4．B——B′剖面示园的东部，建筑、特别是山石则相当密集，不仅变化的节奏快，而且起伏又十分强烈，与南部适成对比。

B—B′剖面图

疏与密——3

疏与密的对比与变化，不仅体现在园林建筑的平面布局上，而且也关系到园林建筑的立面处理。例如江南一带的私家园林，建筑多沿园的四个周边排列，人处于园内可以同时环顾四个周边上的建筑，为了破除单调而求得变化，这四个面是不能一律对待的，必使其中一或两个面的建筑排列得很密集，并使其余的面较稀疏，从而使面与面之间有必要的疏密对比与变化。此外，再就每一个面来讲也不可均匀分布，而必须疏密相间，以利于获得抑扬顿挫的节奏感。

1．均匀排列，缺乏变化和活力，疏密相间，则富有生气和节奏感。

2．留园中部景区，建筑沿园的四周排列，东部最密集；南部次之；西、北两面则比较稀疏。

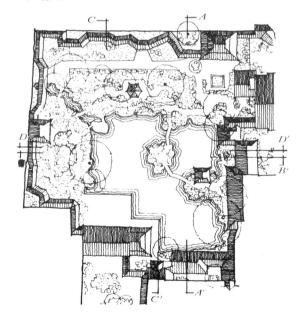

A—A′ 剖视立面图
建筑最密集；凹凸、起伏、虚实变化最丰富；所形成的节奏快；给人留下的印象最深刻，是四个面中最突出的一个面。

B—B′ 剖视立面图
建筑不如前者密集；节奏也不如前者快；但虚实、起伏的变化较丰富，处于比较突出的地位。

C—C′ 剖视立面图
建筑最稀疏；所形成的节奏慢；给人的感觉较松弛、平淡，与A—A′剖面适成对比。

D—D′ 剖视立面图
建筑较稀疏；所形成的节奏也较慢；能给人以松弛的感觉，在整体中起烘托、陪衬作用。

由于园林建筑的平面多呈不规则的形状，因而在很多
情况下很难明确地把它划分成为东、南、西、北等四个立
面。加之人的视觉本身又具有连续性的特点，为此，针对
某些园的特点，似乎应当把它当作一个闭合的环状物来对
待。例如颐和园中的谐趣园大体上就是属于这种情况，对
于这样的园来讲，为了避免单调而求得变化，分布在环上
的建筑也切忌总均匀排列，而务必使之疏密相间、三五成群
以期借疏密的对比和变化而形成某种韵律节奏感。

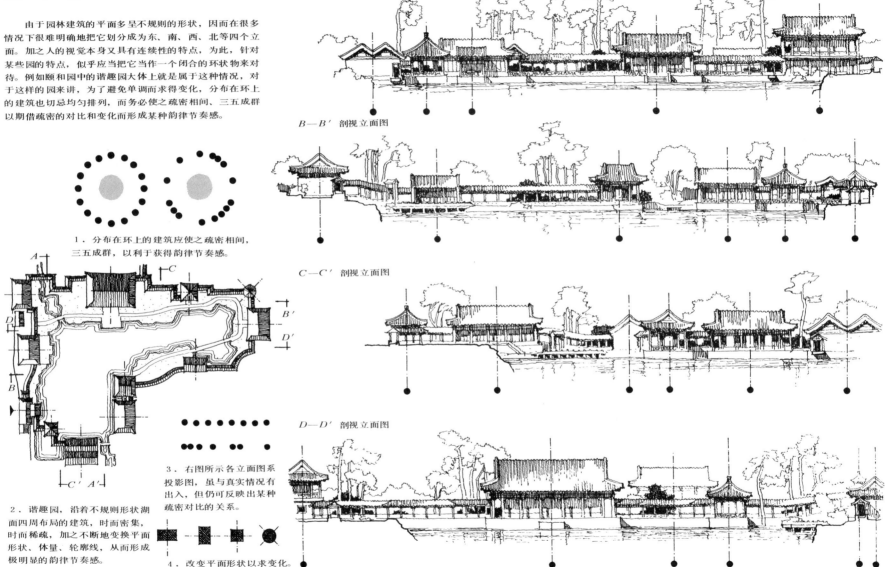

A—A′ 剖视立面图

B—B′ 剖视立面图

C—C′ 剖视立面图

D—D′ 剖视立面图

1．分布在环上的建筑应使之疏密相间，三五成群，以利于获得韵律节奏感。

2．谐趣园，沿着不规则形状湖面四周布局的建筑，时而密集，时而稀疏，加之不断地变换平面形状、体量、轮廓线，从而形成极明显的韵律节奏感。

3．右图所示各立面图系投影图，虽与真实情况有出入，但仍可反映出某种疏密对比的关系。

4．改变平面形状以求变化。

起 伏 与 层 次

　　疏与密的对比诚然可以产生韵律与节奏，但对于大多数园林建筑的立面来讲，它只能说是形成韵律与节奏的必要条件，而不是充分条件。这就意味着除使建筑疏密相间地排列外，还应当充分利用别的因素来加强立面处理的韵律节奏感，这种因素主要所指的就是起伏与层次变化。起伏是借高低错落的外轮廓线来表现的，由于屋顶形式各不相同，其变化也是极其丰富的。特别是江南园林，这种起伏变化往往还不止一个层次。例如常见的苏州园林，多依附于住宅的侧墙建屋，而侧墙本身的外轮廓线就充满了起伏和变化，若利用得宜这样的侧墙若似特意设置的背景，可以对建筑起良好的烘托陪衬作用。加上园林建筑本身外轮廓线的变化，这时已经出现了两个层次的起伏与变化。此外，利用某些临空的建筑还可以形成第三个层次的起伏与变化。若三者和谐共处于一体，则犹如多声部乐曲，可以形成此起彼伏、层次极富变化的韵律节奏感。

背景层次　　中景层次　　近景层次

1．园林建筑，由于组合上的自由灵活，常可使其外轮廓线具有丰富的层次和起伏变化。借这种变化，可以极大地加强整体立面的韵律节奏感。

2．苏州网师园东立面，可以分为三重层次：以水榭、连廊、射鸭廊所形成的中景层次；以住宅侧墙所形成的背景层次；以临空的山石、小山丛桂轩所形成的近景层次，三者既和谐相处又各有起伏变化，从而形成多层次的韵律节奏感。

3．苏州鹤园东立面，以曲折游廊与水榭形成中景层次；以住宅部分的侧墙形成背景层次；以临空的建筑形成近景层次，虽然中景层次本身的起伏变化并不丰富，但借背景和近景两个层次的烘托，仍具有强烈的节奏感。

虚 与 实

《浮生六记》曾指出：园林的妙处不仅在于迂迴曲折，而且还表现在虚中有实，实中有虚，或藏或露，或深或浅。所谓虚、实，它可以体现在许多方面：例如以山与水来讲，山为实、水为虚；以山本身来讲，凸出的部分为实，凹入的部分为虚；以建筑来讲，粉墙为实，廊以及门窗孔洞等为虚……，虚与实既互相对立又相辅相成，只有使虚实之间互相交织穿插而达到虚中有实，实中有虚，才能使园林建筑具有轻巧玲珑的外观。这里主要以建筑、山石为例来说明虚实关系的处理。

1．墙垣，尤其是江南园林中的白粉墙，作为实的要素，在园林建筑的立面处理中占有特别重要的地位。廊或其它完全透空的部分，作为虚的要素可与实的墙面构成强烈的对比关系。介于虚实之间的槅扇、漏窗等，作为半虚半实的要素，则可起调和或过渡的作用。园林建筑的立面处理常可借虚、实以及半虚半实这三种要素的巧妙组合而获得优美动人的效果。

2．留园中部景区南立面以大面积实墙为背景来衬托玲珑透剔的建筑，又点缀以半虚半实的漏窗、槅扇，具有极好的虚实对比与变化。

3．扬州小盘谷立面片断，建筑以实为主，仅中部留一缺口，并设一亭一石，使虚中有实；下部山石以实为主，实中有虚（洞壑），虚实之间有良好的交织穿插。

4．下图示无锡寄畅园立面片断，两端以虚为主，虚中有实；中部以实为主，实中有虚，既有对比变化，又能协调统一。

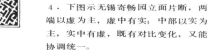

蜿蜒曲折——I

　　"造园如作诗文，必使曲折有法"，道出了我国传统造园艺术最基本的特点。古今中外的建筑，在刻意追求曲折方面似乎很少可以与之相比。然而，曲折有法的"法"字究竟体现在哪里呢？首先，体现于建筑的布局。我国古建筑就单体而言均极简单，但借廊的连接却可形成极富变化的群体组合。至于廊，正如《园冶》所云：可"蹑山腰，落水面，任高低曲折，自然断续蜿蜒"，从而成为园林建筑中"不可少斯一断境界"。绝大部分园林建筑均借助于廊的运用，从而使群体组合具有极其丰富曲折的变化。

1. 廊——作为连接要素，可自由转折。

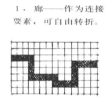

2. 万壑松风建筑群，由六幢建筑所组成。每幢建筑均呈矩形平面，而且又都平行地排列，就单体而论其雷同、单调，但借助于廊的连接，却形成了变化极为丰富、曲折的建筑群。

E. 以折廊连接建筑与亭榭

3. 廊，除可自由转折外，还可呈任意弯曲形状，诸趣园正是综合运用了折廊和曲廊而连接成为群体的。

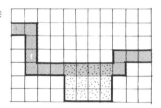

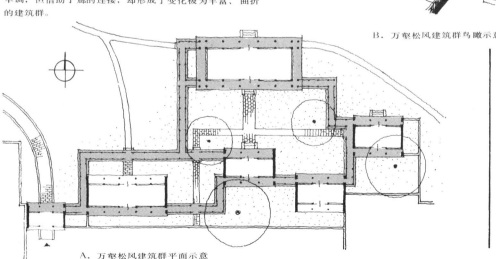

B. 万壑松风建筑群鸟瞰示意

A. 万壑松风建筑群平面示意

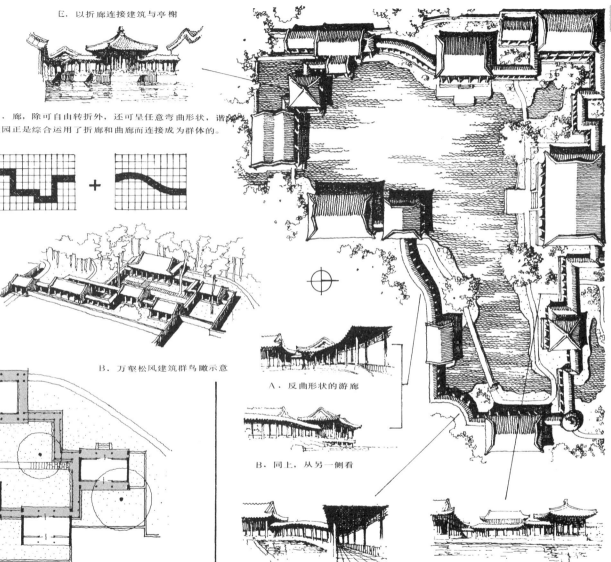

A. 反曲形状的游廊

B. 同上，从另一侧看

C. 以弧形游廊连接建筑

D. 以曲尺形状的折廊连接建筑与亭子

蜿蜒曲折——2

　　如果以江南私家园林与北方皇家苑囿相比较，前者似乎更加蜿蜒曲折而不拘一格。《园冶》中说："古之曲廊，俱曲尺曲，今予所构曲廊，之字曲者，随形而弯，依势而曲，或蟠山腰，或穷水际，通花渡壑，蜿蜒无尽……"，所谓曲尺曲，即呈直角的转折，这种廊多见于北方皇家苑囿；之字曲者，指可作任意角度的转折，这种廊多见于江南私家园林。两相比较，后者显然更自由灵活。江南园林之所以更加幽深曲折，在很大程度上应归因于之字曲廊的运用。

1．留园局部平面示意，借助于自由转折的曲廊来连接各单体建筑或分隔空间，极大地增强了群体组合的曲折性和变化。

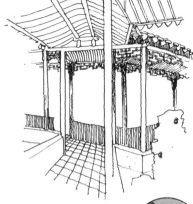

B．拙政园西部景区通往三十六鸳鸯馆之三岔廊

B．留园通往冠云楼之曲廊

A．自远翠阁看留园中部曲廊

A．拙政园西部景区之水廊

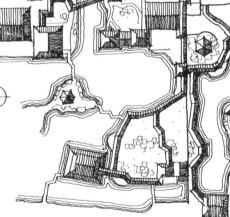

2．曲折多姿，穿插于花丛之中的狮子林曲廊。

3．拙政园，建筑布局以曲折而见长。自别有洞天通往见山楼的柳荫路曲部分游廊以及西部景区通往三十六鸳鸯馆、倒影楼的水廊，均蜿蜒曲折至极。

蜿蜒曲折——3

虽然绝大多数园林建筑都是借游廊来连接各单体建筑从而使群体组合蜿蜒曲折，变化无穷，但也有少数园林主要不是通过游廊、而是借助于建筑物的直接衔接，特别是使其空间互相交错穿插，从而给人以曲折迴环和不可穷尽的感觉。最典型的例子莫过于留园，自入口至古木交柯后，不论是向西经绿荫至明瑟楼，或向东经曲谿楼、五峰仙馆至石林小院，虽然有时也使用曲廊来连接建筑，但主要却是利用建筑物互相交错穿插，从而形成了极其曲折多变的空间序列。这种手法和西方近现代建筑所推崇的"流动空间"很相似，颇有异曲同工之妙。

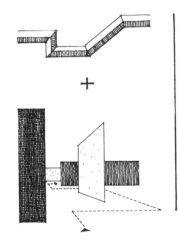

1．对于某些园林建筑来讲，蜿蜒曲折不单体现在借曲廊来连接各单体建筑——建筑群的组合上，而且还体现在空间的分隔与联系——空间序列的组织上。苏州留园正是通过以上两种方法而取得了极为良好的效果。

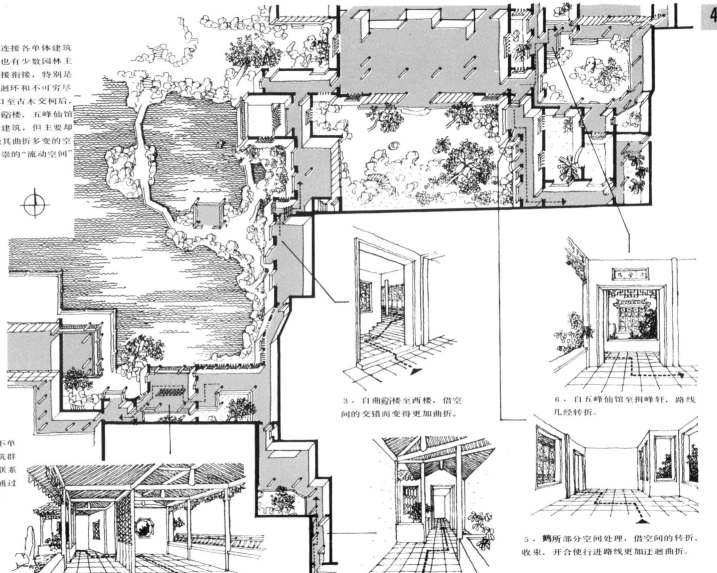

2．自绿荫至水阁部分的空间处理由于设置了一片临空的橘扇，从而增强了空间的曲折性和变化。

3．自曲谿楼至西楼，借空间的交错而变得更加曲折。

6．自五峰仙馆至揖峰轩，路线几经转折。

5．鹤所部分空间处理，借空间的转折、收束、开合使行进路线更加迂迴曲折。

4．借廊的交错而变得更加曲折。

蜿蜒曲折——4

除建筑外，构成园林的其它各种要素如山石、洞壑、水池、驳岸、路径、桥、墙垣……等，无不极尽曲折蜿蜒之能事。有关山石、洞壑、水、驳岸等留待其它章节作具体分析，这里不拟赘述。关于路，《园冶》中曾有"不妨偏径，顿置婉转"的说法；其它如"路径盘蹊"、"蹊径盘而长"、"曲径通幽"等对路的形容和描绘，均表明路之忌直而求曲。桥，实际上就是跨越水面的路，当然也都毫无例外地追求曲折，如做成"之"字或五折、七折等形式。至于墙垣，这也是构成园林空间所不可缺少的要素之一，也常随地形的蜿蜒高下而呈起伏曲折的形式。

1．苏州环秀山庄，园的规模有限，但由于构成园的各种要素，特别是山石、水池、洞壑、路、桥等无不极尽迂迴曲折之能事，遂使整个园显得格外幽邃。

2．园林中的路，或盘山腰，或临池岸，均顺应地势而纤盘，图示为沧浪亭盘山小径，有引人入胜之感。

3．杭州黄龙洞，作为寺院园林，进入山门后不仅有弯曲的山径通往后园，而且沿山径的一侧还有曲折的墙垣作为陪衬。

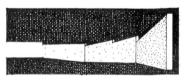

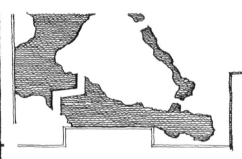

A．入园后过桥可登上假山，桥虽极短，但却是"之"字曲。

B．水的走向更加迴环曲折，使人有隐约迷离，不可穷其源之感。

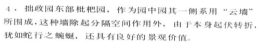

4．拙政园东部枇杷园，作为园中园其一侧系用"云墙"所围成，这种墙除起分隔空间作用外，由于本身起伏转折，犹如蛇行之蜿蜒，还具有良好的景观价值。

高 低 错 落 —— I

　　和蜿蜒曲折相联系的是高低错落，这两者都明显地体现于园林建筑的群体组合之中，蜿蜒曲折主要是从平面的角度来看，高低错落则主要是从竖向的角度来看。既蜿蜒曲折，又高低错落，园林建筑的变化就更加丰富了。《园冶》相地篇中认为："园地唯山林最胜"，从许多园林实物来看，也多依靠地形的起伏来增添自然情趣，特别是北方的皇家苑囿，其自然地形的变化尤为显著。传统园林十分注意顺应自然，随高就低地安排建筑，并用一种起伏自如的"爬山廊"把各单体建筑连接在一起，从而形成极富参差错落变化的建筑群。

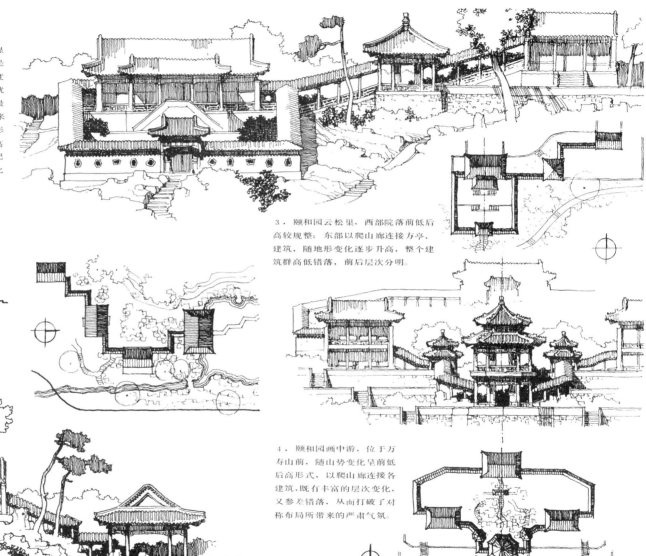

3．颐和园云松巢，西部院落前低后高较规整；东部以爬山廊连接方亭、建筑，随地形变化逐步升高，整个建筑群高低错落，前后层次分明。

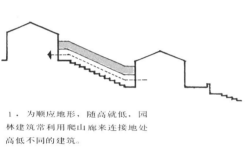

1．为顺应地形，随高就低，园林建筑常利用爬山廊来连接地处高低不同的建筑。

4．颐和园画中游，位于万寿山前，随山势变化呈前低后高形式，以爬山廊连接各建筑，既有丰富的层次变化，又参差错落，从而打破了对称布局所带来的严肃气氛。

2．北海濠濮间，用曲尺形爬山廊连接的四幢建筑，随山势而起伏逶迤，外轮廓线极富变化。

中国传统建筑，不仅就单体而言均极简单，而且在一般情况下建筑与建筑之间几乎不能直接相连接。群体组合主要是利用第三者——廊，一种专门起连接作用的要素，而把各单体建筑连接在一起从而形成群体的。而廊本身不仅尺度小，而且构造也较简单，因而可以方便地做成各种形式。在讨论蜿蜒曲折时，已经提到的有曲尺形廊、"之"字形廊以及各种弯曲形式的廊；在讨论高低错落时又提到了"爬山廊"，这种廊不仅平面可以呈各种曲折的形式，而还可以随着地形的变化而任意起伏，从而把高低错落的建筑连成一体。此外，在园林建筑中还有一种别具一格的廊——跌落游廊，这种廊不仅可以连接高、低两处的建筑，而且其外形还具有独特的韵律美，有不少园林建筑均因运用跌落游廊从而获得优美动人的外轮廊线。

1．与爬山廊一样,用跌落游廊也能连接地处高低不同的建筑。

2．北海琼华岛某园林小景，以跌落游廊连接建筑并形成小院，外轮廓线曲折而富有韵律美。

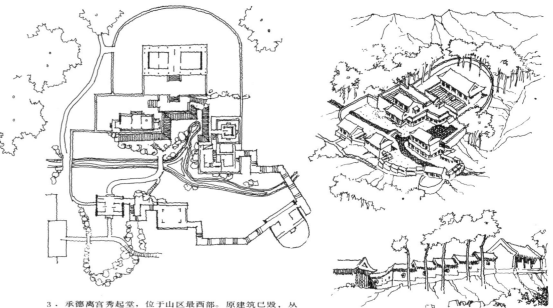

3．承德离宫秀起堂，位于山区最西部。原建筑已毁，从复原图中可以看出该建筑群与地形的结合很巧妙，特别是成功地利用了各种形式的爬山廊和跌落游廊来连接各单体建筑，从而使整体既蜿蜒曲折又高低错落。

秀起堂局部透视，逐渐升高的跌落游廊具有强烈的韵律感。

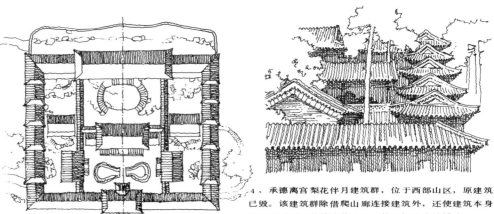

4．承德离宫梨花伴月建筑群，位于西部山区，原建筑已毁。该建筑群除借爬山廊连接建筑外，还使建筑本身随山势而下，并呈跌落形式，外观极为生动活泼。

高低错落——3

北方的皇家苑囿，不仅规模大、占地广，而且还常常选址于地形变化极其陡峻的山林地带，这就为群体组合的高低错落创造了有利的客观条件。江南一带私家园林多居市井，不仅规模有限，而且从地形上看也不可能有多少起伏变化。面对这种情况，造园家也不屈从于客观现状的限制，而总是千方百计地以人工的方法堆山叠石，并使之"有高有凹，有曲有深，有峻而悬，有平而坦"，继而则"培山接以房廊"；或使"亭台突池沼而参差"、"楼阁碍云霞而出没"，总之，均极力使之有高低错落的变化，而不至流于平板。

3．拙政园见山楼，为一二层楼房建筑，楼上、下均有游廊与之相通。特别是通往二层的爬山廊，随基势起伏，任高低转折，极富变化与情趣。

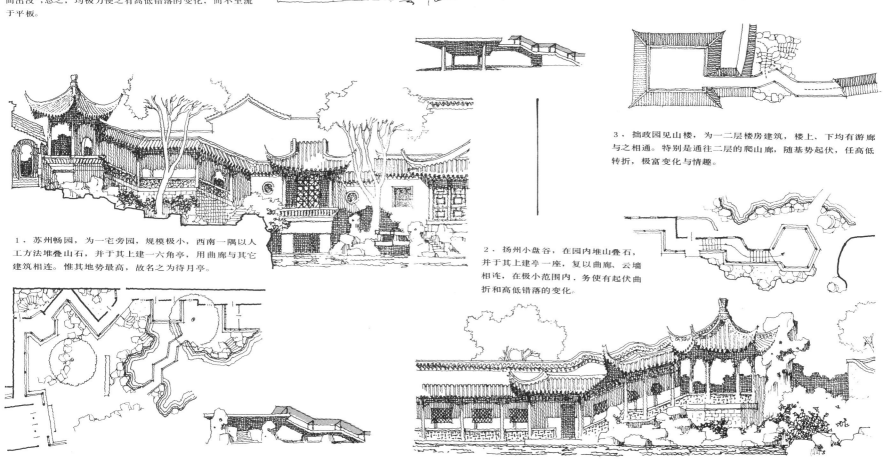

1．苏州畅园，为一宅旁园，规模极小，西南一隅以人工方法堆叠山石，并于其上建一六角亭，用曲廊与其它建筑相连。惟其地势最高，故名之为待月亭。

2．扬州小盘谷，在园内堆山叠石，并于其上建亭一座，复以曲廊、云墙相连，在极小范围内，务使有起伏曲折和高低错落的变化。

除皇家苑囿外，某些寺院园林也有极好的自然地形可资利用，这是因为有许多寺院多建于自然环境极为幽静的山林地带。这样的寺院园林，如果能够巧妙地与地形相结合，也必然会高低错落而自成天然之趣。例如杭州虎跑寺，虽然没有用游廊来连接建筑，但仅仅依靠顺应山势的起伏来布置建筑，并以墙垣、踏步、道路等为媒介，把各单体建筑连接成为建筑群，同时还形成一系列的空间院落，这样，也能使人感到参差错落而变化无穷。再加上葱茏的树木和星罗棋布的水池的衬托，其园林气氛也甚为浓郁。

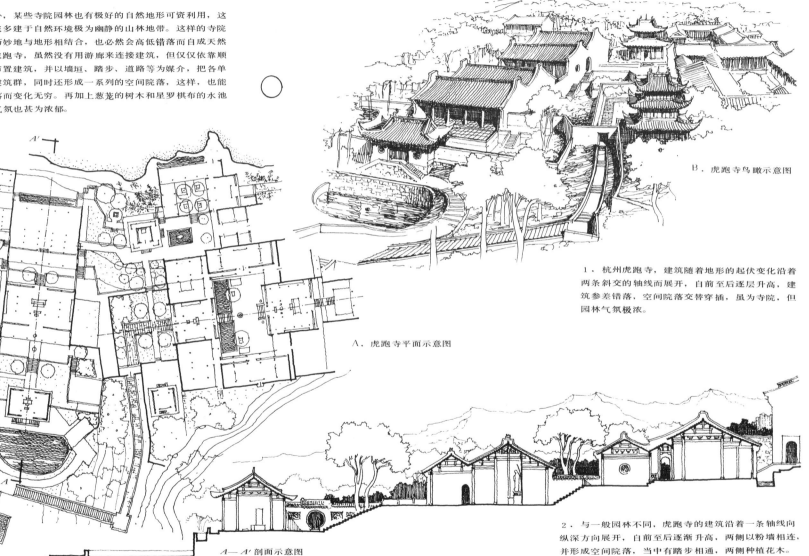

B．虎跑寺鸟瞰示意图

1．杭州虎跑寺，建筑随着地形的起伏变化沿着两条斜交的轴线而展开，自前至后逐层升高，建筑参差错落，空间院落交替穿插，虽为寺院，但园林气氛极浓。

A．虎跑寺平面示意图

A—A′剖面示意图

2．与一般园林不同，虎跑寺的建筑沿着一条轴线向纵深方向展开，自前至后逐渐升高，两侧以粉墙相连，并形成空间院落，当中有踏步相通，两侧种植花木。

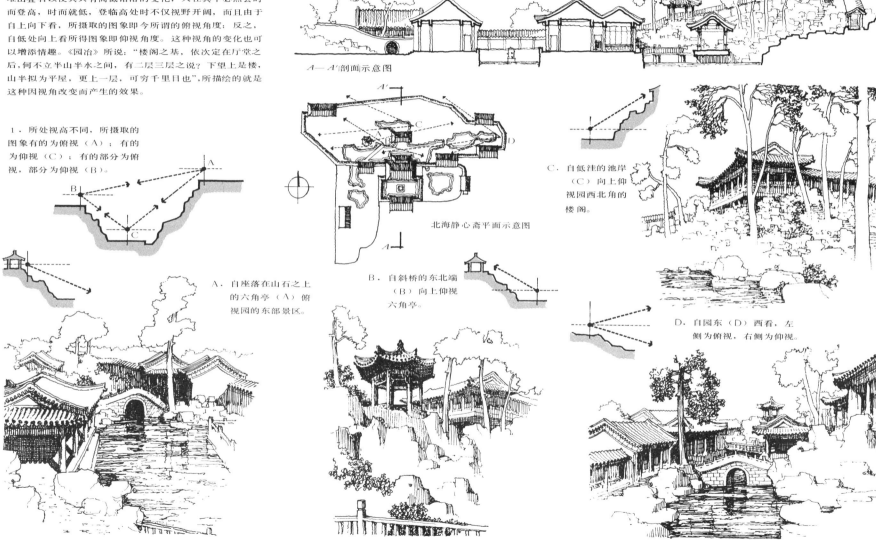

仰视与俯视——I

园林建筑既然讲究利用自然地形的起伏或以人工方法堆山叠石以使其具有高低错落的变化，人在其中必然会时而登高，时而就低，登临高处时不仅视野开阔，而且由于自上向下看，所摄取的图象即今所谓的俯视角度；反之，自低处向上看所得图象即仰视角度。这种视角的变化也可以增添情趣。《园冶》所说："楼阁之基，依次定在厅堂之后，何不立半山半水之间，有二层三层之说？下望上是楼，山半拟为平屋，更上一层，可穷千里目也"，所描绘的就是这种因视角改变而产生的效果。

1．所处视高不同，所摄取的图象有的为俯视（A）；有的为仰视（C）；有的部分为俯视，部分为仰视（B）。

A．自座落在山石之上的六角亭（A）俯视园的东部景区。

B．自斜桥的东北端（B）向上仰视六角亭。

2．北海静心斋，园的北部景区地形起伏变化较大，人在其中可借视高的改变而获得不同角度的景观效果。

A—A′剖面示意图

北海静心斋平面示意图

C．自低洼的池岸（C）向上仰视园西北角的楼阁。

D．自园东（D）西看，左侧为俯视，右侧为仰视。

除少数为帝王服务的大型皇家苑囿外，一般的园林建筑都不追求巍峨壮观的仰视效果。但也不排斥在一定条件下可借仰视来加强某些局部景观的效果。如园林中的亭，按《园冶》所说："高方欲就亭台"，一般多建于地势比较突起的高地上，这时所得的便是仰视效果。这样的亭不仅外轮廓线十分突出，而且由于翼角起翘如鸟之斯飞，反能加强它的轻巧感。此外，少数楼阁建筑，为迎先月登台，也每每置于较高地段，这时将可借仰视角度而获"凌云霄之上"的感觉。

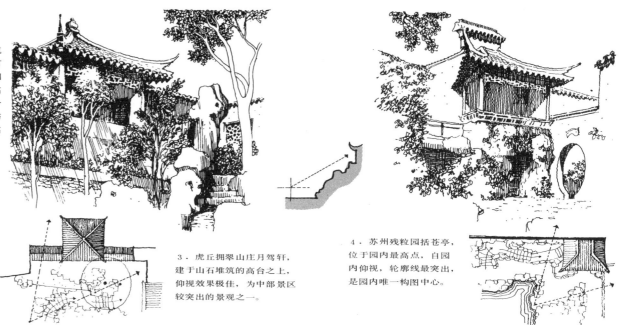

3．虎丘拥翠山庄月驾轩，建于山石堆筑的高台之上，仰视效果极佳，为中部景区较突出的景观之一。

4．苏州残粒园括苍亭，位于园内最高点，自园内仰视，轮廓线最突出，是园内唯一构图中心。

1．颐和园佛香阁，作为大型皇家苑囿的制高点，呈八角多层的楼阁形式，并耸立于重重高台之上，自下向上仰视，气势磅礴，巍峨壮观。

2．拙政园雪香云蔚亭，建于突兀的岛山之上，自山下仰视，外轮廓线极为优美。

5．无锡惠山云起楼，为一山地庭园，楼建于山腰，自庭园仰视，气势轩昂。

仰 视 与 俯 视——3

　　建于高处的亭台，不仅从被看的方面讲常可获得极好的仰视效果，而且从看的方面讲又可提供一种特殊的观赏角度——自上向下俯视周围景物。《园冶》所讲的"高方欲就亭台"极其深刻地把仰视与俯视这两种观赏效果统一起来考虑，并成为亭台立基定位的重要指导原则之一。不过单就台而言，其本身并无多大观赏价值，但由于多建在高处，故登临其上，常可使全园在目。从这一点看，台的设置似乎主要还是为了取得良好的俯视效果。除亭台外，园林中一切制高点如假山、楼阁、刹宇等，凡是人可以到达并登临其上者，只要位置选择巧妙，均可借以获得良好的俯视效果。

　　2．无锡惠山第二泉庭园，建筑群顺山势而上，南侧有石级可通往上层平台，从这里可居高临下俯视漪澜堂及其周围景物。

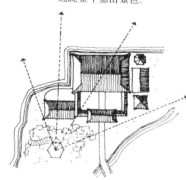

　　3．无锡惠山云起楼庭院，楼建于山腰，登楼环顾，近可俯视园内亭台曲廊，又可远眺整个惠山景色。

　　4．离宫烟雨楼，四面临水，惟西南一隅以人工堆筑的假山既突兀又陡峻，山上有一六角亭，从这里既可眺望湖光山色，又可俯瞰近处庭院。

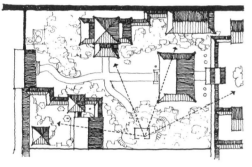

　　1．故宫乾隆花园前部景区，在园的东部假山上建一高台，有踏步盘迥而上，从这里俯瞰，园内景物全然在目。

高台本身景观意义不大，似专为俯视园内景物而设。

此亭建于假山之上，既有良好的仰视效果，又可俯视近处庭院。

唐代诗人王之涣《登鹳雀楼》云："白日依山尽，黄河入海流，欲穷千里目，更上一层楼"，生动地描绘出登高后极目眺望时因视野开阔而产生的豪放心情。这也是属于俯视所产生的一种效果。但这种场面对于江南一带多处市井的私家园林来讲，几乎是不可能得到的。然而对于北方皇家的大型苑囿来讲，则完全可以变为现实。例如颐和园，不仅占地广，而且园内的万寿山又颇具规模，利用这种有利地形筑高台、建楼阁，不仅可以获得气势磅礴和巍峨壮观的景观效果，而且登临台上又可居高临下极目眺望无边无际的大自然景色，从而顿感胸襟开阔。

A—A'剖面示意图

3．自佛香阁看西山一带，田畴连绵不尽，远山青秀如屏。

1．颐和园，位于万寿山正中的排云殿——佛香阁建筑群，均衡对称，顺山势而上，层台重阁，高高升起。从台上居高临下，遥望昆明湖、西山一带，水波坦坦荡荡，青山遥迤如屏，恰如天然图画，使人流连不尽。

2．自佛香阁周围游廊向南，近看排云殿建筑群，远眺昆明湖、十七孔桥及龙王庙，波光粼粼，水平如镜，极为辽阔开朗。

4．同前，自佛香阁周围廊看玉泉山塔及西山景色。

仰视与俯视——5

和颐和园一样，承德离宫也属大型皇家苑囿，但由于设计指导思想不同，这里却没有采用以人工方法来筑高台、建重阁，以期造成巍峨壮观的气势。而是尽量借自然山水来抒发朴素、淡雅、恬静的情趣。但尽管没有建造像排云殿——佛香阁那样宏伟高耸的建筑群，却也十分重视借自然地形的变化在西部山区若干制高点上设置风景点如锤峰落照、南山积雪、四面云山等，以便利用其有利地势而居高临下地观赏自然风景。

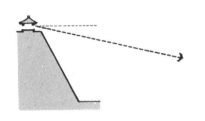

1．承德离宫，自其山区东部的两个制高点——南山积雪和锤峰落照，既可俯视园内湖泊区风光，又可眺望园外景色。

4．自南山积雪向东可居高临下俯瞰永佑寺舍利塔。此外，还可以看到武烈河对岸的普乐寺及棒锤峰。

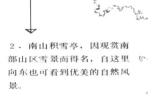

2．南山积雪亭，因观赏南部山区雪景而得名，自这里向东也可看到优美的自然风景。

3．位于山区东南的锤峰落照，是欣赏山庄全景的最佳处。从这里俯瞰东南，湖区景物历历在目。此外，从这里还可以极目眺望远处的普宁寺、安远庙、普乐寺及其周围的山景，尤其是看棒锤峰，每当夕阳西下，落日余辉独映其上，光采更加夺目。"锤峰落照"即由此而得名。

　　追求意的幽雅和境的深邃是传统园林的另一重要特点，"庭院深深，深几许？"的诗句正是这一特点的写照。特别是江南私家园林，由于在极为有限的范围内经营，为求境的深邃，多不遗余力地以各种方法来增强景的深度感。前面提到的藏与露、蜿蜒曲折等，都不外是为了求得含蓄、幽深所采取的某种手段。除此之外，利用空间的渗透也可借丰富的层次变化而极大地加强景的深远感。例如某一对象，直接地看和隔着一重层次看其距离感是不尽相同的，倘若透过许多重层次去看它，尽管实际距离不变，但给人感觉上的距离似乎要远得多。传统的园林，特别是江南的私家园林，都十分善于运用这种手法来丰富空间的层次变化，并借以造成一种极其深远和不可穷尽的感觉。

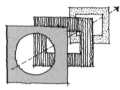

1．透过若干层次看某一对象，可增强其深远感。

2．即使隔着一重网格看，也比直接看要显得深远些。

留园入口部分平面示意

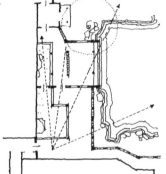

留园石林小院平面示意

（右图系根据《江南园林图录》复制）

4．留园入口部分空间处理，自古木交柯向西透过门洞、窗口看绿荫及华步小筑庭院，特别由于又穿过以柱、栏杆、挂落组成的两重"框楣"，从而使空间显得更加深远。

6．留园石林小院，空间院落极小，建筑十分密集，但由于若干空间互相渗透和层次变化异常丰富，却使人有深邃曲折和不可穷尽之感。

3．苏州某住宅庭院，一重重空间互相渗透，层次变化极其丰富，景的深度感极其强烈。

向北可透过漏窗看到园的中部景区

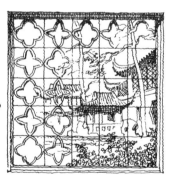

5．自敞廊向北透过漏窗看园的中部景区，由于隔着一重网格看，因而使意境更加含蓄、深远。

渗透与层次——2

园林空间的渗透与层次变化，主要是通过对空间的分隔与联系处理所造成的。例如一个大的空间，如果不加以分隔，就不会有层次变化，但完全隔绝也不会有渗透现象发生。只有在分隔之后又使之有适当的连通，才能使人的视线从一个空间穿透至另一个空间，从而使两个空间互相渗透，这时才会显现出空间的层次变化。江南一带私家园林，特别是苏州园林，常借大量设置完全透空的窗洞的方法而使被分隔的空间互相渗透，其效果十分卓著。

1．视线穿过一重又一重洞口，层次变化愈来愈丰富。

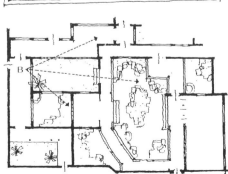

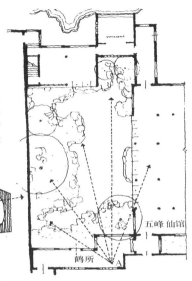

五峰仙馆

鹤所

A

2．留园鹤所，临五峰仙馆前院的一侧满开窗洞，从室内可透过巨大的窗口而看到整个庭院，内、外空间既有分隔又互相连通，从而使两者互为渗透。

3．过鹤所向左至东部景区，这里借粉墙把空间分隔成若干小院，并在墙上开了许多门洞、窗口，视线穿过一系列洞口，可使若干空间相互渗透。

自鹤所还可以透过互相转折的几个面上的窗口向外看，这也有助于增强空间的层次变化。

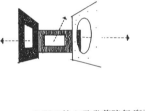

4．自狮子林立雪堂前院复廊看修竹阁一带景物，廊的侧墙上连续开了若干个六角形窗洞，透过窗口摄取外部空间图象随视点移动时隔时透，忽隐忽现，有步移景异之感。

立雪堂平面示意图

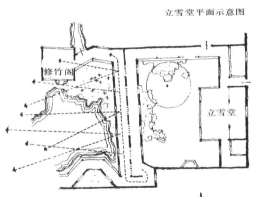

修竹阁

立雪堂

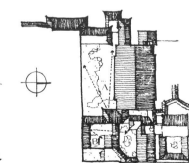

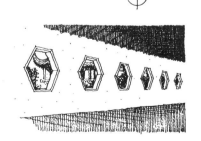

59

渗透与层次——3

通过单独设置的窗口，固然可以使相邻的两个空间
互相渗透，但如果能够把若干个形式各不相同的窗口组
织成为一个完整的序列，那么这种渗透关系还因具有连
续性而更加富有情趣。例如，沿着一条侧墙倘若能够巧妙
地设置一系列形式各异的门洞和窗口，这样，借视点的
移动将可以不时地通过各个洞口摄取外部空间图象，并
使之构成一幅幅既连续又富有变化的画面。借这种时断
时续的许多片断而形成的整体印象，不仅更含蓄，而且
还会使人有步移而景异之感。

B. 经过设有四个漏窗的曲廊之后来到曲谿楼，
至此，可透过一个又大又无遮挡的矩形窗
口来观赏明瑟楼及留园中部景区。

C. 接着至八角形门洞，通过它
可以窥见濠濮亭一角，从这
里还可以走至室外。

D. 过八角形门洞，紧接着又是一个又大又没
有遮挡的矩形窗洞，与前一个窗洞遥相呼
应，从这里可以看到濠濮亭全景。

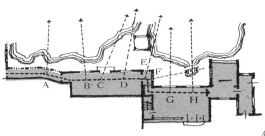

1. 进入留园后向右经由曲谿楼至西楼的一段空间，
虽较封闭，但由于侧墙上开了一列窗洞，从而使内
外空间时而隔绝，时而连通，走在其内便可摄取一
幅幅既连续又充满变化的外部空间图景。

A. 一连四个漏窗，可透过其网格窥视明瑟楼

E/F. 过曲溪楼经过一段过渡性小空间转
至西楼，这里设有两个较小的漏窗，
可透过其网格看园中景物。

G. 经过过渡性小空间来到西楼，至此，
又可透过一个又大又无遮挡的矩形窗
洞来看濠濮亭另一角及园中山石。

H. 紧接着又是一个和前者完全相同的矩形窗
洞，通过它可以看到清风池馆一角及小蓬
莱岛北部的小桥。

2. 把曲折的空间、
墙面展开，便可看出
各种形式门、窗洞口
排列的连续性及其变
化情况。

传统园林中所谓的"对景",实际上就是透过特意设置的门洞或窗口去看某一景物,从而使景物若似一幅图画嵌于框中。由于是隔着一重层次看,因而便显得含蓄深远,这种现象也应属于空间渗透的范畴。在传统园林中,这种手法运用得很普遍,形式也多种多样。比较常见的如自门洞一侧去看另一侧的景物,或通过特意设置的窗口自室内看室外某一景物。这种手法如用得巧妙,常可使两个景物互为对方的对景。此外,如有合适条件还可以透过两重洞口去看某一景物,这样,将显得更加含蓄深远。

1.自拙政园枇杷园透过圆洞门看雪香云蔚亭,(下左图),或自枇杷园外向内看嘉实亭(上图),这两者都是对景的佳例。

A.透过倒影楼窗口看宜两亭。

B.透过宜两亭窗口看倒影楼。

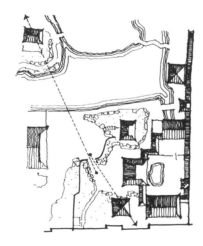

3.透过空廊及圆洞门看颐和园石丈亭小院内山石(右图),由于隔着两重层次看,因而空间层次的变化更丰富,意境更深远。

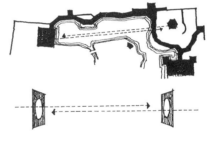

2.自拙政园东部宜两亭窗口看倒影楼,或自倒影楼窗口看宜两亭,两者可互为对方的对景。

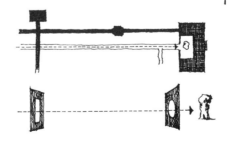

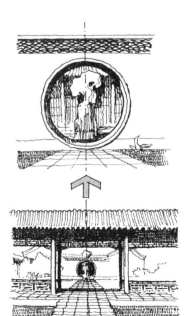

与对景相似的还有框景和借景。框景也是透过一重层次去看某一景物。如果说对景所强调的重点在所对的景上，那么框景所强调的似乎稍偏重于框的处理，这就是说框的处理较富有变化。至于借景，一般系指把园外景色引入园内，而景，系泛指，并不限于某一确定主题或对象，同时也不强调必须镶嵌于某种形式的框内。对景、框景或借景，都不外是把彼处的景物引入此处，因而都具有空间渗透的性质，同时也都有助于增强空间的层次感。至于具体处理则因情况不同而千变万化。《园冶》所说"巧于因借"，关键正体现在"巧"字上。

2. 自怡园面壁亭看螺髻亭，以面壁亭本身结构为框，从而构成良好的框景关系。

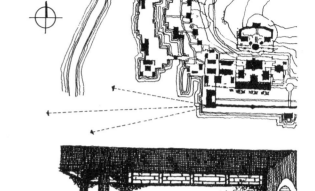

4. 自颐和园长廊西端敞轩看西山，把园外景色引入园内，兼有借景和框景两重意义。此外，通过右侧圆洞门又可对石丈亭院内山石，可以说把借景、框景、对景三者合为一体。

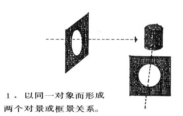

1. 以同一对象而形成两个对景或框景关系。

怡园局部平面示意图

3. 自怡园旱船前部敞厅看螺髻亭，也可构成良好的框景关系。这表明若利用得宜，同一对象可分别从不同角度而形成不同的框景关系。

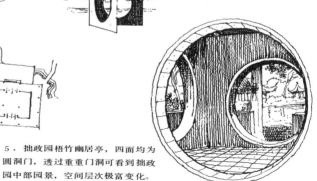

5. 拙政园梧竹幽居亭，四面均为圆洞门，透过重重门洞可看到拙政园中部园景，空间层次极富变化。

渗透与层次——6

使室内外空间相互渗透，特别是把室外空间景物引入室内，也是传统园林所经常采用的一种手法。例如园林中的厅堂，不仅多处于园内主要景区，而且又多处理得十分开敞，因而便有充分的条件自室内透过开敞的槅扇而摄取园中——外部空间——景物，从而使内外空间相互渗透。由于是透过槅扇和廊看，并且又是自较暗的室内向亮处看，不仅有丰富的层次变化，而且外部空间的景物还显得分外的绚丽、明快。有些厅堂，前后檐均为开敞的槅扇，这时，人们甚至可以从一侧透过厅堂而看到另一侧景物——视线先由外至内，再由内而及外，从而使更多层次的内外空间相互渗透，于是层次的变化就更加丰富多采了。

1．自室内看室外的分析

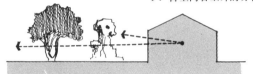

2．自狮子林古五松园厅堂内向外看庭园。五松园位于狮子林北部，园的西部为厅堂，较开敞，并带有前廊。园的规模不大，其东、南两侧设有曲廊，廊的端部为一半壁亭。园的正中叠石峰一座，作为厅堂的对景。

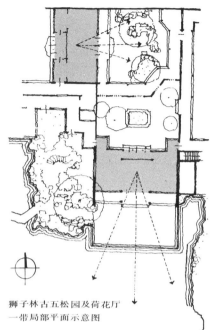

狮子林古五松园及荷花厅一带局部平面示意图

3．自狮子林荷花厅向南看园内景色。荷花厅位于园的中部，地位十分突出。厅南为水池，对岸为山石、亭廊，风景极为秀丽。荷花厅南面的一侧较开敞，并带有前廊，廊前为一宽大露台。自厅内向外看，层次既富变化，景色又绚丽动人。

4．自网师园梯云室前院透过梯云室看其后院中的景物，视线自外而内，再由内而及外，使内外空间互相渗透，极大地丰富了层次变化。

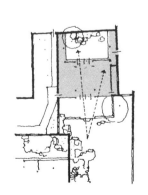

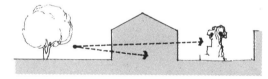

自室外看室内，再穿过室内看另一侧室外的分析。

园林中的廊，不仅可以用来连接建筑物并使之具有蜿蜒曲折和高低错落的变化，而且还可以用来分隔空间并使其两侧的景物互相渗透，以丰富空间的层次变化。例如一条透空的廊，若横贯于园内，原有的空间便立即产生这一侧与那一侧之分，随着两侧空间的互相渗透，每一侧空间内的景物都将互为对方的远景或背景，而廊本身则起着中景的作用。景既有远、中、近三个层次，空间自然便显得深远。传统园林利用廊来增强空间层次变化的实例俯拾皆是。特别是江南园林，虽规模有限，但游廊纵横，于是便使人有迷离不可穷尽之感。

1．拙政园小飞虹，作为架空的廊桥既有分隔空间的作用，又可使两侧空间互相渗透，从而增强了空间层次感。自松风亭透过小飞虹看香洲，前者为近景，后者为远景；自香洲透过小飞虹看松风亭，原来作为近景的松风亭则变为远景。

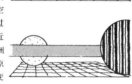

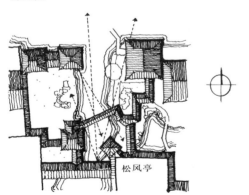

松风亭

A．自射鸭廊看折廊（左）

B．透过折廊看射鸭廊（右）

C．平面示意（下）

2．网师园连接小山丛桂轩折廊两侧空间互相渗透的景观：上图示自水榭透过折廊看小山丛桂轩前院景物；右图示自前院透过折廊看水榭。

A．自松风亭看小飞虹　　　B．透过小飞虹看松风亭

渗透与层次——8

　　利用曲廊的转折而形成的极小的"哑叭院"，也常可借空间的渗透而丰富层次变化。这种小院从功能上讲毫无意义，有的甚至不得其门而入，但从视觉方面讲却可使视线有所延伸——沿着廊的走向延伸至廊以外，这样，将有助于加强空间的深远感。常见的形式有两种：在墙的转角处使廊与墙脱开以形成小院；依附于直墙的廊借廊的转折而形成小院。在这样的小院中若点缀以山石、花木，不仅能增添情趣，而且还能产生引人入胜的诱力。

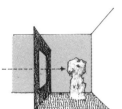

1．在墙的转角处使廊与墙脱开，并形成极小的"哑叭院"，从而使视线由外延伸至内，以丰富空间层次变化。

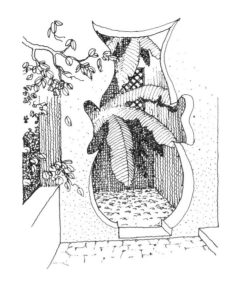

2．沧浪亭某小院处理，借廊的转折而形成"L"形小院，有效地增强了空间的层次变化

3．狮子林东南部某小院处理，利用墙的转折与扇面亭所围成的小院，可借空间的渗透而起增强层次感的作用。

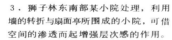

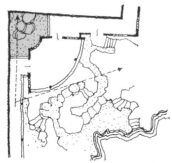

借廊的转折而增强空间层次感的分析

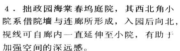

4．拙政园海棠春坞庭院，其西北角小院系借院墙与连廊所形成，入园后向北，视线可沿廊内一直延伸至小院，有助于加强空间的深远感。

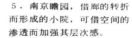

5．南京瞻园，借廊的转折而形成的小院，可借空间的渗透而加强其层次感。

空间序列是关系到园的整体结构和布局的问题。有人把中国园林比喻为山水画的长卷，意思是指它具有多空间、多视点和连续性变化等特点。然而山水画毕竟是借平面来表现空间的，而园林本身却是实实在在的空间艺术。这就是说它不仅可以从某些点上看具有良好的静观效果——景，而且从行进的过程中看又能把个别的景连贯成完整的序列，进而获得良好的动观效果，所谓"步移景异"正是这种效果的写照。园林建筑随着规模由小至大，其空间序列也由简单而变得复杂。一般小园，其主体部分通常为一单一的大空间，建筑物多沿园的四周布置，这时所形成的序列通常表现为一个闭合的环形。苏州畅园可以说是这种形式序列的典型代表。

7．过高潮后转入园的西侧，与东侧相对应也设有若干观赏点。至待月亭（F）又可居高临下俯瞰园景，继而转入序列的尾声。

6．接着来到主要厅堂留云山房前的露台，至此又顿觉开朗，并可一览全园景色（E），从而形成高潮。

1．苏州畅园，为一宅旁小园，呈闭合的环形序列。自入口进园（A、B）是序列的开始；由入口经曲廊引导（C、D）至厅堂（E）形成高潮；再往后至待月亭（F）则为序列的尾声。

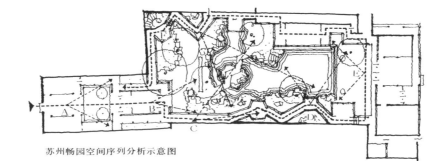

苏州畅园空间序列分析示意图

2．入园后首先进入桐华书屋前院（A），这是一个既小又方正的天井，作为空间序列的开始，可起收束视野的作用。过此，经桐华书屋便进至园的主体部分。

3．过桐华书屋入园（B），借大与小、方正与自由的对比，空间豁然开朗，气氛迥然不同。

4．入园后经曲廊引导（C）走向园的纵深处，同时又可窥视西侧园景。

5．穿插于曲廊之中有两个观赏点——延辉成趣亭及方亭，图示为自方亭（D）看涤我尘襟。

空间序列——2

　　还可以按照串联的形式来组织空间院落并形成完整的序列。这和传统的宫殿、寺院及四合院民居建筑颇为相似，即沿着一条轴线使空间院落一个接一个地渐次展开。所不同的是，宫殿、寺院及民居多呈严格的对称布局，而园林则常突破机械的对称而力求富有自然情趣和变化。例如乾隆花园，尽管五进院落大体上沿着一条轴线串联为一体，但除第二进外其它四个院落都采用了不对称的布局形式。另外，各院落之间还借大与小、自由与严整、开敞与封闭等的对比，从而获得抑扬顿挫的节奏感。

1．以串联的形式组织空间序列，其特点是：使各空间院落沿着一条轴线一个接一个地渐次展开，上图所示为这种序列的分析。乾隆花园即属于这种形式的序列。

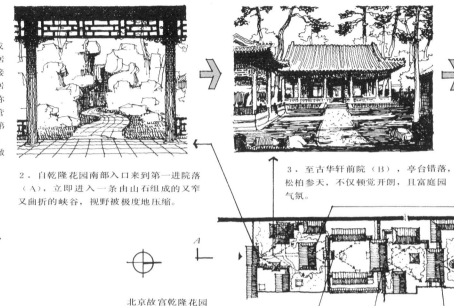

2．自乾隆花园南部入口来到第一进院落（A），立即进入一条由山石组成的又窄又曲折的峡谷，视野被极度地压缩。

3．至古华轩前院（B），亭台错落，松柏参天，不仅顿觉开朗，且富庭园气氛。

4．穿过古华轩将进入遂初堂前院，院前有一垂花门，至此，空间再一次收束（C）。

北京故宫乾隆花园空间序列平面示意

A—A′剖面

5．过垂花门至遂初堂前院（D），这里，既开敞，又方正，与前一进院落造成鲜明对比。

6．继遂初堂之后是萃赏楼前院（E），山石林立，洞壑迴环曲折，与遂初堂前院构成极强对比。

7．再往后是符望阁前院（F），符望阁以其高大的体量形成为空间序列的高潮。

8．过符望阁后进入序列的尾声。

以某个空间院落为中心，其它各空间院落环绕着它的四周布置，并通过中心院落来连接依附于它的各空间院落，也可以形成一种完整的空间序列。例如北海画舫斋就是属于这种类型的序列，它的特点是：中心院落居于园的适中部位，并与园的入口有紧密联系，入园后循着一定途径首先来到这里，然后再从这里分别进到园的其它各个部分。画舫斋的中心院落为一方正的水庭，优点是重点突出，主从分明，与各小院均可构成对比关系。缺点是开门见山，不够含蓄幽深。

1. 以中心院落连接其它各空间院落形成完整空间序列的分析。

2. 北海画舫斋，以四幢建筑及连廊形成的水庭，位置适中，方方正正，从而形成为全园的中心庭院，通过它可以分别进到其它各从属小院。

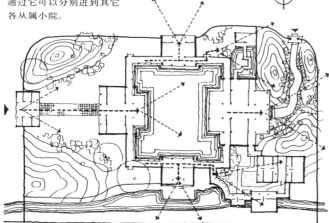

E. 出迴廊还可进入西北部小院，这是一个半山半水的庭院，面积很小，但也可起延伸空间序列的作用。

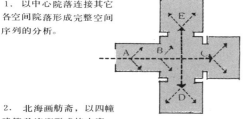

C. 沿中轴线向北穿过主要厅堂至后院，可看作是空间序列的尾声。这是一个不规则的横向扁长的庭院，院内山石林立，乔木参天，与中心部分的水庭气氛迥异。

D. 通过迴廊可进入东北部古柯庭小院，面积虽小，但却曲折幽深，至此，不仅气氛明显改变，而且还可使序列得到延伸。

B. 以画舫斋为主要厅堂，堂前水庭位于中轴线上，不仅地位突出，而且又严整、开敞，从而自然地形成为整个空间序列的高潮。由这里不论走进其它任何一个从属小院，都可借大与小、自由与方正、开敞与封闭的强烈对比而有效地突出各自的特点。

A. 画舫斋虽属园林建筑，但其主体部分却取对称布局形式，从南部进入园的正门，作为空间序列的开始，沿着一条中轴线可径直地走向园的中心部分水庭。

空 间 序 列 ——— 4

　　杭州黄龙洞，作为寺院园林，它的主体部分的空间序列与北海画舫斋颇为相似，也是通过一个中心庭院分别进至其它各空间院落。但有两点不同：其一，它的重点和高潮不在中心庭院，而在与之相连的另一个较大、较富变化的空间院落；其二，从入口至中心庭院并不直接了当，而是插进一个既长又曲折的引导段，由于这两点，它的空间序列远比画舫斋幽深、含蓄而富有变化。

1．黄龙洞空间序列分析

G．自中心庭院向左过圆洞门可至另一小院，可视为序列的延伸。

E．自室内看中心庭院，既小又方正，起分散人流及为高潮作准备作用。

F．自中心庭院向右透过空廊向外看，空间豁朗，园林气氛十分浓郁，从而进入序列的高潮。

　　2．进入山门后弯弯山道是序列的开始和引导（B）；至二重门预示着即将进入主体部分（C）；中心庭院既小又方正（D），起着为高潮作准备的作用；过中心庭院透过廊向右看，空间豁然开朗，至此进入高潮（F）；其它几处小院可视为序列的延伸。

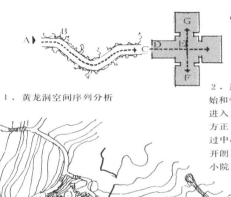

C．至第二重院门，预示即将进入主体建筑群。

D．过二重门小院是主体建筑群空间序列的前奏。

A．黄龙洞入口——山门

B．进入山门后，曲折的山道是序列的开始与引导。

空 间 序 列 —— 5

　　某些大型私家园林如留园，空间组成极其复杂，其整体空间序列往往可以划分为若干相互联系的"子序列"，而这些"子序列"也不外分别采用或近似于前述的几种基本序列形式。如留园，其入口部分颇近似于串联的序列形式；中央部分基本呈环形的序列形式；东部则兼有串联和中心辐射两种序列形式的特点。大型园林建筑空间序列组织最关键的问题在于如何巧妙运用大小、疏密、开合等对比手法而使之具有抑扬顿挫的节奏感。此外，还须借空间处理而引导人们循着一定程序依次从一个空间走向另一个空间，直至经历全过程。

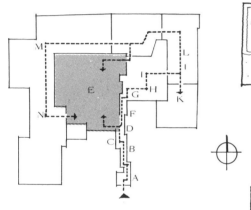

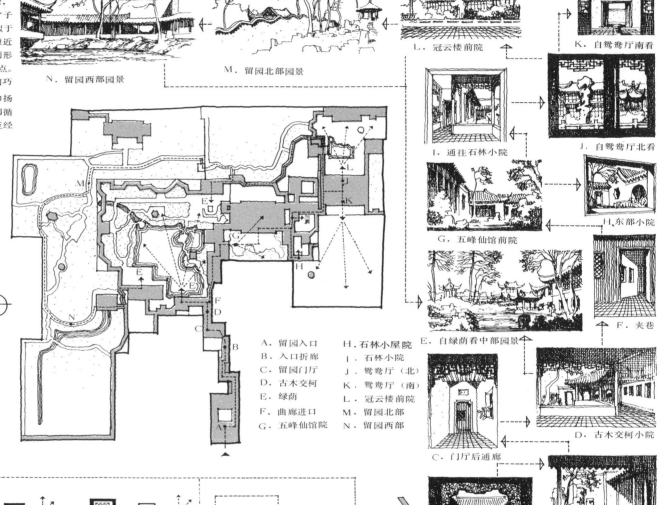

N．留园西部园景

M．留园北部园景

L．冠云楼前院

K．自鸳鸯厅南看

I．通往石林小院

J．自鸳鸯厅北看

G．五峰仙馆前院

H．东部小院

E．自绿荫看中部园景

F．夹巷

D．古木交柯小院

C．门厅后通廊

B．门厅小院

A．入口小院

1．留园序列分析：入口部分封闭、狭长、曲折，视野极度收束；至绿荫处豁然开朗，达到高潮；过曲谿楼、西楼时再度收束；至五峰仙馆前院又稍开朗；穿越石林小院视野又一次被压缩；至冠云楼前院则顿觉开朗；至此，可经园的西、北回到中央部分，从而形成一个循环。

A．留园入口　　H．石林小屋院
B．入口折廊　　I．石林小院
C．留园门厅　　J．鸳鸯厅（北）
D．古木交柯　　K．鸳鸯厅（南）
E．绿荫　　　　L．冠云楼前院
F．曲廊进口　　M．留园北部
G．五峰仙馆院　N．留园西部

2．以图解形式分析留园序列

A ── B ─· C ─· D ─· E ── F ── G ── H. I ── J ── L ── M ── N ──

极度收束　开　合　开　豁然开朗　收束　稍开朗　再次收束　K　再次开朗　尾声

空间序列——6

某些较大的私家园林如扬州何园，不仅分东、西两个部分，而且除主要入口外还设有次要入口，从不同入口进园，其空间序列也各不相同。以何园现状看，无论从哪个入口进园，都可依次摄取一幅幅既连续又充满变化的图景。例如从园的主要入口北门进园，既可向东又可向西，特别是向西，不论是穿过夹巷按顺时针方向绕西部景区一周，或进园后立即向右拐进园的西部，并按逆时针方向观赏西部园景，都能获得良好的效果。如果说从北门入园，东、西两部分空间呈并联序列形式的话，从东、西门入园则呈串联的序列形式。

F．自东部向西看复廊

1．东部原无对外入口，此门系后来所开，较平淡，欠含蓄曲折，但穿过复廊至园的西部，却有豁然开朗之感。

E．过圆洞门看东部景区

D．复廊

J．自东部穿过复廊至西部

C．圆洞门

B．入口夹巷

A．北部入口

G．通往西部的门

H．往西通蝴蝶厅

I．自东向西看蝴蝶厅

N．蝴蝶厅

M．自西部入口向北看

K．西部入口内的山石及赏月楼

2．西部有次要入口与外部相通，从这里入园首先看到的是一座假山，从而不使有一览无余之弊，然后可分南、北两路绕过假山进至西部景区，并沿周边观赏园景。最后可穿过复廊进至东部景区

L．西部入口内山石

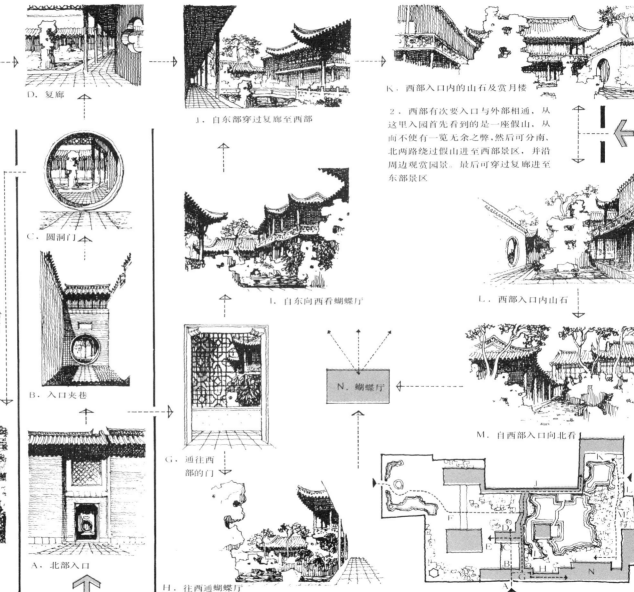

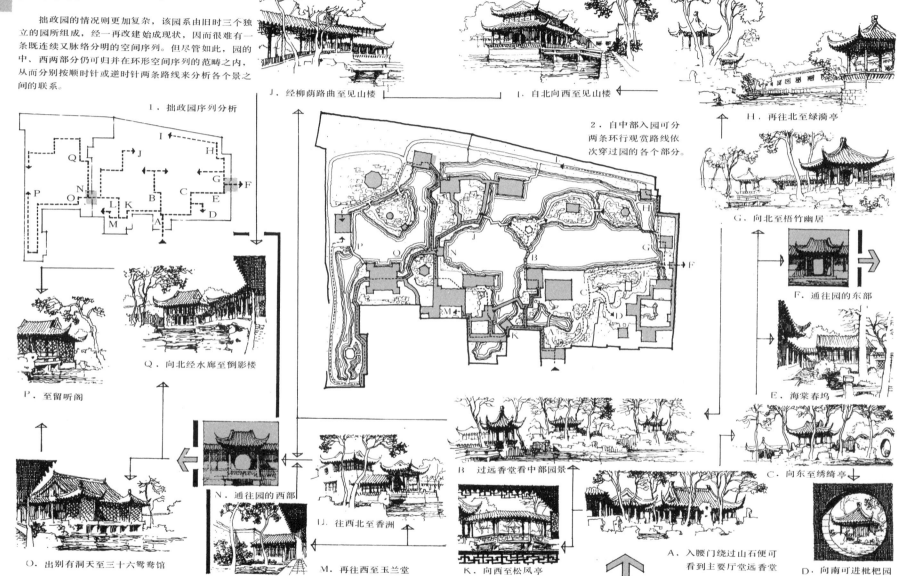

拙政园的情况则更加复杂，该园系由旧时三个独立的园所组成，经一再改建始成现状，因而很难有一条既连续又脉络分明的空间序列。但尽管如此，园的中、西两部分仍可归并在环形空间序列的范畴之内，从而分别按顺时针或逆时针两条路线来分析各个景之间的联系。

1．拙政园序列分析

2．自中部入园可分两条环行观赏路线依次穿过园的各个部分。

J．经柳荫路曲至见山楼

I．自北向西至见山楼

H．再往北至绿漪亭

G．向北至梧竹幽居

F．通往园的东部

E．海棠春坞

Q．向北经水廊至到影楼

P．至留听阁

B．过远香堂看中部园景

C．向东至绣绮亭

N．通往园的西部

L．往西北至香洲

A．入腰门绕过山石便可看到主要厅堂远香堂

D．向南可进枇杷园

O．出别有洞天至三十六鸳鸯馆

M．再往西至玉兰堂

K．向西至松风亭

空间序列——8

在大型皇家苑囿中，以颐和园的序列较脉络分明。入口部分作为序列的开始和前奏由一列四合院所组成；出玉澜堂至昆明湖畔空间豁然开朗；过乐寿堂经长廊引导至排云殿、佛香阁达到高潮；由此返回长廊继续往西可绕到后山，则顿感幽静；至后山中部登须弥灵境再次形成高潮；回至山麓继续往东可达谐趣园，似乎是序列的尾声；再向南至仁寿殿便完成了一个循环。

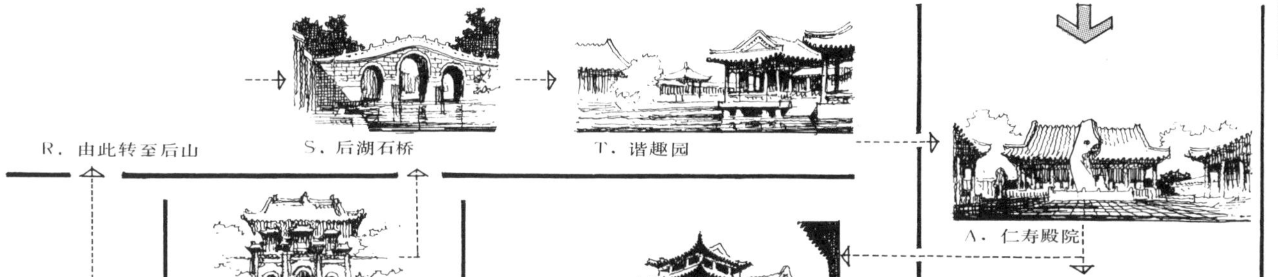

R．由此转至后山

S．后湖石桥

T．谐趣园

A．仁寿殿院

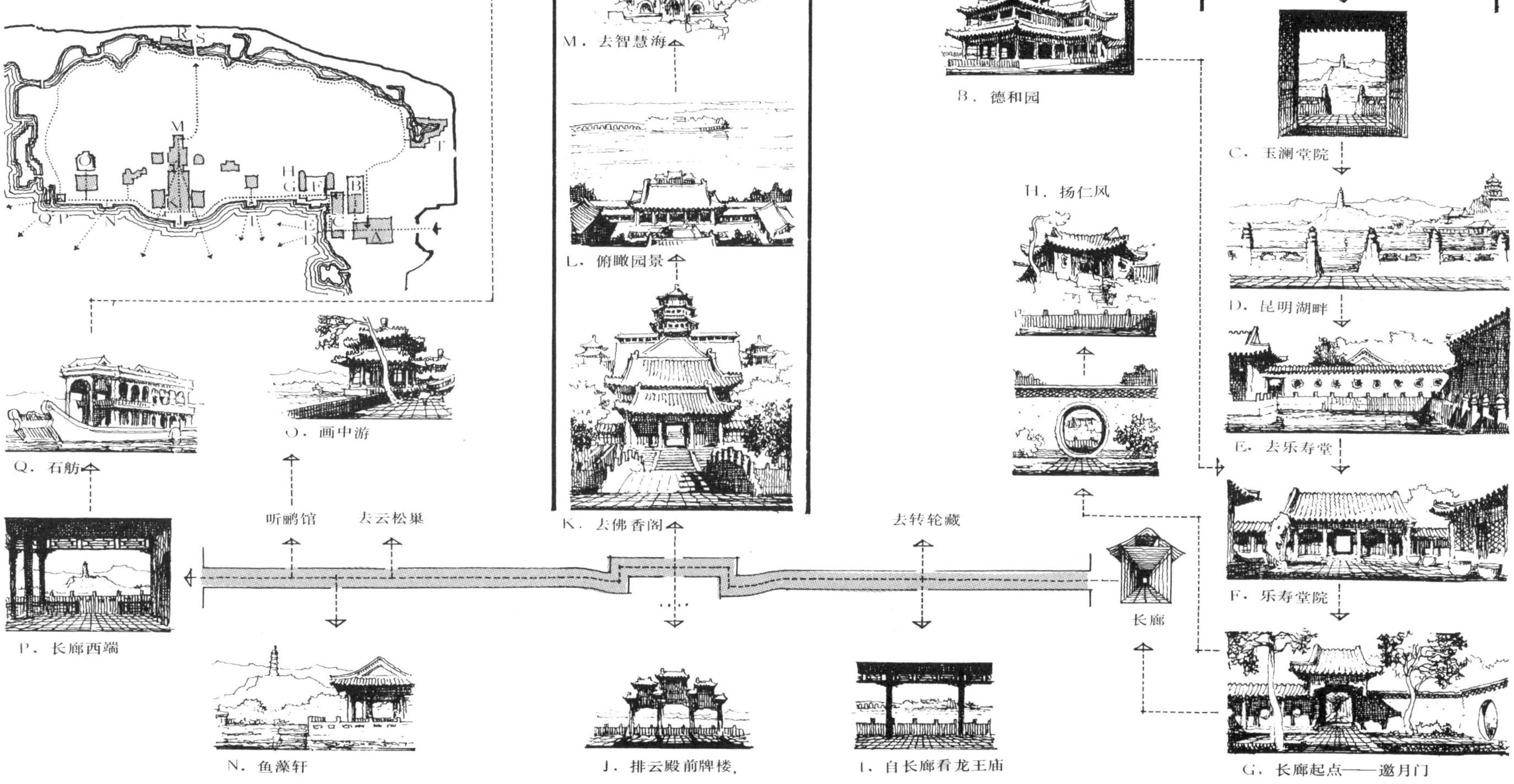

M．去智慧海

B．德和园

C．玉澜堂院

H．扬仁风

D．昆明湖畔

L．俯瞰园景

E．去乐寿堂

O．画中游

Q．石舫

F．乐寿堂院

听鹂馆　去云松巢

K．去佛香阁

去转轮藏

长廊

P．长廊西端

N．鱼藻轩

J．排云殿前牌楼

I．自长廊看龙王庙

G．长廊起点——邀月门

有人认为建筑、山石、水、花木为构成园林的四大要素，这足以说明山石在园林中所占的重要地位。园林中的山石是对自然山石的艺术摹写，故又称之为"假山"，它不仅师法于自然，而且又凝结着造园家的艺术创造，因而除神形兼备外，还具有传情的作用，《园冶》所说："片山有致，寸石生情"就是这个意思。中国园林常借叠石而抒发情趣，这可能是受绘画的启迪。宋郭熙在《林泉高致》中对山的描绘："春山艳冶而如笑，夏山苍翠而如滴，秋山明净而如妆，冬山惨淡而如睡"很能说明寄情于物的移情作用。与此相似扬州个园也有以山石象征春夏秋冬的做法，这究竟是出自造园家的原意抑或后人附会都无关紧要，但至少证明借叠石确实可以起某种象征或传情作用。

扬州个园山石分布示意图

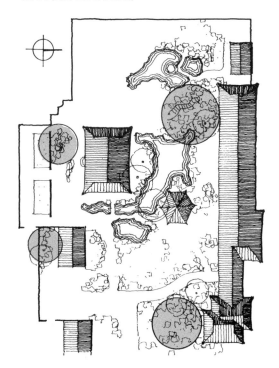

1．春石，位于园的南部，以粉墙漏窗为背景，一峰突兀于疏竹丛中，犹如雨后春笋，象征春回大地，有万物竞相争春之意趣。

2．夏石，位于园西北，峰岩耸立，盘磔浑厚，碧波穿流其间，苍翠蓊郁气氛极浓，具有生机勃勃的活力。

4．冬石，位于园东南一小院内，柔而绵，呈灰白色，似有惨淡欲睡之意。加之院墙之上又开凿若干圆形窗孔，每当北风凛冽便瑟瑟有声。

3．秋石，位于园东北，倚立于亭之一侧，呈暗赭色，寓意万物萧索，叶枯翠残。

堆山叠石——2

《园冶》中专列一节讲厅山，实际上是讲在厅堂的前院中叠石，认为不宜高高竖起三峰，而应"稍点玲珑石块"，从而以山石本身优美的体形、外轮廓线以及虚实、纹理的变化而取胜。在有限的小空间内叠山，应考虑以下几点：一是要主从分明，疏落有致；二是位置选择要巧妙，主峰一般忌居中；应避免排列成一条直线；三是山石本身应玲珑透剔，即符合透、漏、瘦、皱的原则，此外，还应上大下小，"似有飞舞势"。

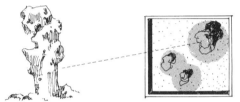

1．在规模有限的小庭院内，山石多以石峰的体形变化而取胜，若立数石峰，须主从分明，疏落有致。

2．留园石林小院，这是一个以山石为主题的小庭院，院中耸立着一块石峰，体形极优美，可作为揖峰轩及石林小屋的对景。

3．留园汲古得绠处前院，四周散落地缀以山石，唯中央偏东数峰拔地而起，成为院内景观的重点。

4．留园冠云峰庭院，院内有三块石峰，主峰为冠云峰，作为林泉耆硕之馆的对景及景观重点，位于园的中部，东侧为瑞云峰，西为岫云峰，是次要观赏对象，体形均极优美。

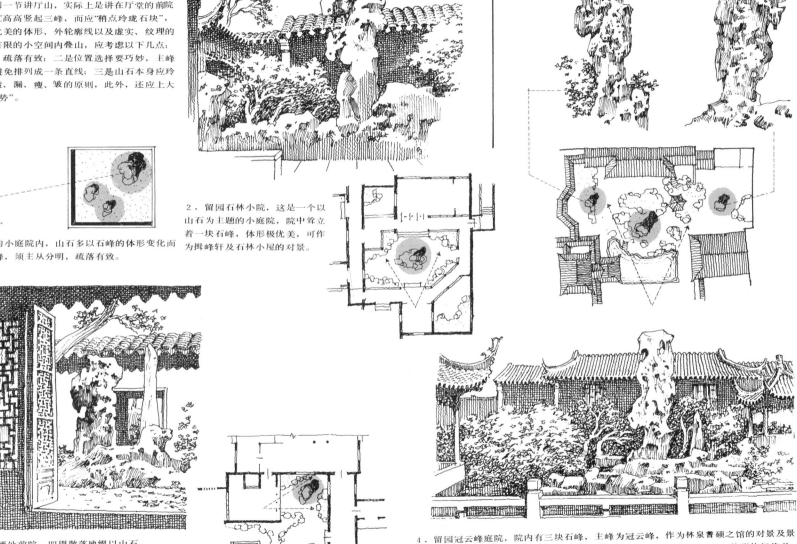

堆山叠石——3

在较小的庭院内掇山叠石，还有一种常见的手法即是在粉墙中嵌理壁岩。如《园冶》所云："峭壁山者，靠壁理也。借以粉壁为纸，以石为绘也。理者相石皴纹，仿古人笔意，植黄山松柏、古梅、美竹，收之圆窗，宛然镜游也"。中国园林刻意追求诗情画意，这便是最好的佐证。江南园林类似这种处理屡见不鲜，有的嵌于墙内，犹如浮雕。有的虽与墙面脱离，但却十分逼近，效果与前者同，均以粉墙为背景而肖似一幅古朴的图画。特别是透过门窗洞口去看，其画意则更浓。

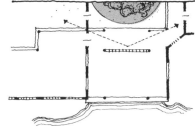

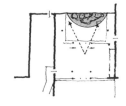

1．以山石嵌于粉墙，再辅以花木，从而形成优美画面。

3．留园华步小筑庭院，于正对着绿荫的院墙上点缀以山石、天竹、蔓萝，自绿荫看恰似一幅图画。

5．网师园梯云室北部庭院，贴近北部院墙点缀着两三块玲珑透剔的湖石，自梯云室透过槅扇看去，宛如一幅图画镶嵌于精美的镜框之中。

2．拙政园海棠春坞庭院，于南面院墙嵌以山石，并种植海棠及慈孝竹，题名为"海棠春坞"。

4．留园揖峰轩东侧小院，以粉墙为背景衬托山石、天竹，自静中观观赏，画意甚浓。

6．网师园西部景区南侧院墙处理，优美的湖石借粉墙的衬托而极富情趣。

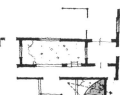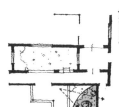

堆山叠石——4

对于较小的庭院来讲,通常多以稀疏散落的石块加三五玲珑俊秀的石峰来点缀空间。但也有少数庭院则以大规模的堆山叠石作为庭院空间的景观重点,从而借有限空间与山石的对比以造成咫尺山林的气氛。然而这样的庭院单就它本身来看总不免有几分拥塞的感觉,故很少被采用。只是在相邻空间比较开敞的情况下偶一为之,则可借开敞与封闭的对比以求得气氛上的变化。对于较大的庭园空间,即使峰峦嶙峋,沟壑纵横,只要蹊径脉络分明,不仅可深得山林野趣,且不致有凌乱局促之弊。

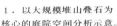

1．以大规模堆山叠石为核心的庭院空间分析示意。

2．乾隆花园萃赏楼前院及后院,规模极小,但院内山石林立直逼檐下,举首仰望,确有咫尺山林的气氛。然而这种以大规模堆山叠石为核心的庭院空间,总不免有拥塞局促之感,只是因为与之相邻的遂初堂前院较开敞,故可借两者对比而求得气氛上的变化。

狮子林指柏轩前庭园平面示意

B．自西南部看指柏轩前院山石

3．狮子林指柏轩前庭园,面积稍大,且较开敞,以山石为核心,层岩叠翠,洞壑盘迴,与西侧荷花池相对比,山林气氛极为浓郁。

A．自西部看指柏轩前院山石

沧浪亭局部平面示意

4．沧浪亭,与一般庭园不同,其主要景区是围绕着以山林为核心而形成的空间院落。土山之上怪石林立,乔木参天,虽欠开朗,却深得山林野趣。

对于大型园林空间来讲，为避免空旷、单调和一览无余，还可借山石把单一的大空间分隔成为若干个较小的空间。借山石分隔空间与利用建筑分隔空间其目的虽然一样，但效果却不尽相同。山石无定形，虽由人作，但毕竟属于自然形态的东西，凡以山石分隔空间，通常都可使被分隔的空间相互连绵、延伸、渗透，从而找不出一条明确的分界线。而以人工建筑为界面分隔空间，则彼此泾渭分明。两者相比，虽各有特点，但前者似乎更能以不着痕迹的方法把单一的大空间分隔成为若干个较小的空间。

1．利用山石把单一的大空间分隔成为A、B两个较小空间的分析示意图。

2．拙政园中部景区，借山石把单一大空间分隔成为A、B两个狭长的小空间，（中部有沟壑相通），前者较富变化，后者则更幽静，这样处理不仅避免了空旷、单调，而且还显得曲折幽深。

3．留园中部景区，属大型园林空间，为避免空旷、单调，借山石把空间一分为二，前部（A）为主要景观集中的地方，极富变化，后部（B）处于从属地位，较幽雅宁静。

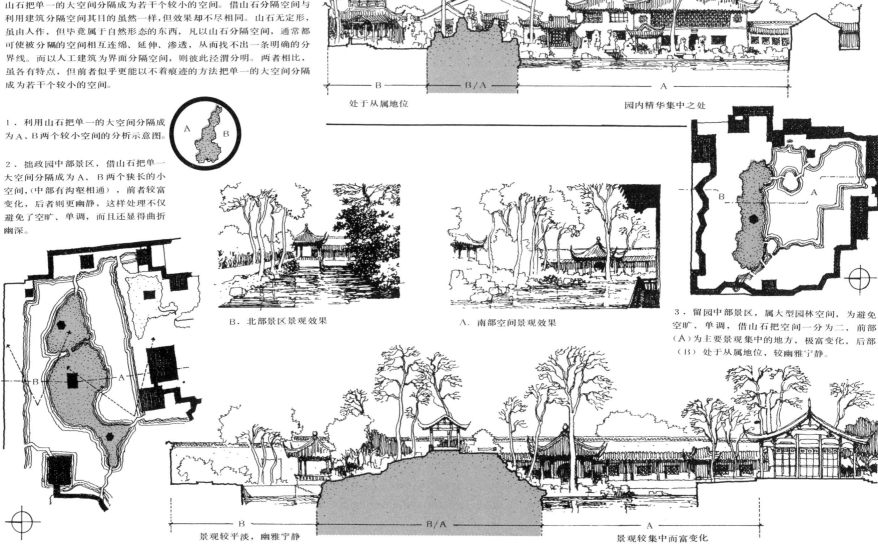

处于从属地位　　　　　　　　园内精华集中之处

B．北部景区景观效果

A．南部空间景观效果

景观较平淡，幽雅宁静　　　　　景观较集中而富变化

堆山叠石——6

为了使内部生活起居深藏而不外露，传统四合院民居建筑均在入口内设置影壁，借以遮挡视线。园林建筑也是这样，为求得含蓄幽深，也每每在入口处通过各种处理或使之迂回曲折，不能径直地由外而内；或借山石为屏障阻隔视线，使之不能一览无余。此外，园内各景区小院之间，虽同处一园，但为使景藏而不露，也极力避免从外部可直接看到内部。为此，也时常在入口之内堆叠山石，如同屏风一样，可起遮挡视线的作用。

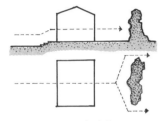

1．以山石代替影壁，起遮挡视线作用，使不能一览无余。

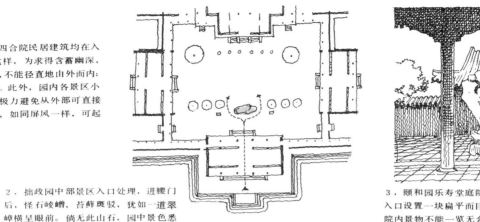

2．拙政园中部景区入口处理，进腰门后，怪石峻嶒，苔藓斑驳，犹如一道翠嶂横呈眼前。倘无此山石，园中景色悉入目中，含蓄深邃之感便失之殆尽。

3．颐和园乐寿堂庭院，院的南部为水木自亲，正对着它的北侧入口设置一块扁平而巨大的山石，若似一面屏风遮挡了视线，使院内景物不能一览无余。

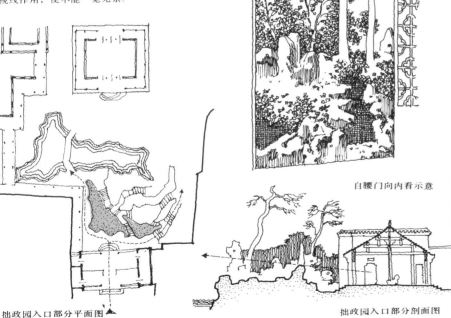

拙政园入口部分平面图

自腰门向内看示意

拙政园入口部分剖面图

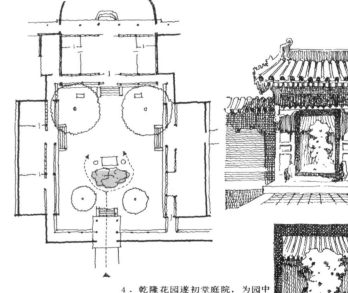

4．乾隆花园遂初堂庭院，为园中之院，呈四合院形式。南部为一垂花门，门内以一组山石代替照壁，借它的遮挡使院内景物藏而不露。

利用山石作为界面，还可以用来形成园林空间。例如某些依山建筑的园林，常可部分地运用建筑、部分地利用较为陡峻的山坡或峭壁来共同围合成较为封闭的庭园空间。即使无天然地形可资利用，也可借人工堆叠的山石作为界面而与建筑相配以形成空间。例如城市中某些私家园林乃至皇家苑囿中某些园中园，有时就是采用这种方法而形成园林空间的。由于以自然山势起伏或借人工堆叠山石为界面所形成的空间与以建筑为界面所围合的空间给人的感受不尽相同，因而综合运用这两种要素所形成的空间，便更加富有变化和情趣。

1．部分利用较陡峻的山坡或峭壁为界面，部分利用建筑为界面，共同围合庭园空间的分析

2．杭州黄龙洞，主要庭园空间位于寺庙的一侧，平面近似于直角三角形，两个直角边系由建筑为界面、斜边则以极陡峻的山石为界面而共同围合成空间的。山上修竹苍翠，花木葱茏，极富自然情趣。

3．南京瞻园，位于市井之内，无天然地形可资利用，它的后部庭园空间一半（东、南）系以建筑为界面、另一半（西、北）则以人工堆叠的山石为界面共同围合而成。由于综合运用两种不同的要素为界面，从而使所形成的空间既富人工美，又不乏自然情趣。

A—A′ 剖面示意

4．北海濠濮间，主要园林空间位于建筑群之北。除南面以建筑为屏障外，其余三面均以人工堆筑的土山为界面而形成不规则平面的空间。山上乔木参差，枝叶扶疏，自然情趣极为浓郁。惟山势较平缓，空间感略嫌不足。

堆山叠石 —— 8

传统园林既然强调顺应地形、随高就低地安排建筑，园内自不免"有高有凹，有曲有深，有峻而悬，有平而坦"。为使攀登方便，必然要设置台阶或蹬道，但其形式却忌整齐而求自然，务使与山石浑然一体，成为山石的一部分。此外，《园冶》在论阁山中云："阁皆四敞也，宜于山侧，坦而可上，便以登眺，何必梯之"。这就是说有些楼阁建筑可以从外部循山石做成的蹬道盘迴而上，这样，不仅可以省去楼梯，还可使建筑与山石紧密地连接为一体。

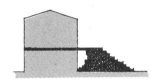

1. 自室外通过山石堆叠的台阶可登临楼上。

3. 离宫云山胜地楼，位于建筑群末端，自前院经山石直接登临楼上，既可保持空间序列的连续性，又可于登楼后立即眺望园内外风景。

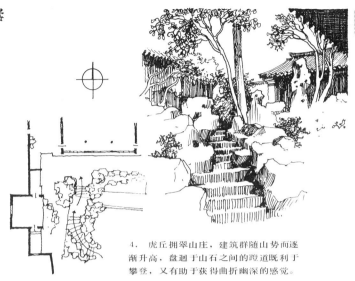

4. 虎丘拥翠山庄，建筑群随山势而逐渐升高，盘迴于山石之间的蹬道既利于攀登，又有助于获得曲折幽深的感觉。

2. 留园冠云楼，为一二层楼阁建筑，呈凸字形平面，东部可经以山石堆叠的台阶自室外直接登上二层楼。

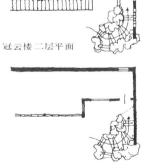

冠云楼二层平面

冠云楼一层平面

5. 颐和园扬仁风，地处山石之上，有以山石叠成的台阶分两路迴旋而上，自成天然之趣。

6. 扬州个园小景，楼阁凌山石而起，并有台阶通往楼上，建筑与山石浑然一体。

借堆山叠石不仅从外部可以艺术地再现大自然界的峰峦峭壁,并使之具有咫尺山林的野趣,而且从内部还可以形成虚空的沟涧洞壑,从而造成迂迴婉转和扑朔迷离的幻觉。为此,凡规模较大的堆山叠石,总是力图同时达到这内、外两方面的要求。例如苏州的环秀山庄,作为私家园林,占地十分有限,然而就在这样有限的空间内,竟然能够使人感到变幻莫测和不可穷尽,实有赖于巧妙地借堆山叠石从而使山池萦绕,蹊径盘迴,特别是峡谷沟涧纵横交织和洞壑的曲折蜿蜒。

1.曲折迴环的洞壑,时而通畅,时而阻塞,循环往复不已,使人犹如置身迷宫。

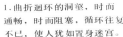

D.自峡谷中部(D)仰视,岩桥横贯,其势如飞。

E.同B,从近处看

B.自园东南部(B)看峡谷的入口,两峰对峙,一桥飞架,既险峻,又深不可测。

C.自洞内看洞的出口

环秀山庄平面示意。

A.园西北部假山,穿过洞壑可登至山顶,从而居高临下地观赏全园景物。

2.环秀山庄,山石集中于东南、西北两个角落,特别是东南部,沟涧与洞壑盘迴曲折,妙趣横溢。

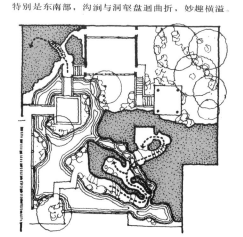

在规模较大的园林中，以山石形成的洞壑，不仅从平面上看极尽迁迴曲折之能事，而且从高程上看还力求迴环错落。这样便可以时而登临于峰峦之颠，时而沉落于幽谷之底。自下往上看层峦叠嶂，自上往下看沟壑盘迴，身历其境，如入深山峻岭。此外，这种情景还很象陶渊明在《桃花源记》中所描绘的："山有小口，仿佛若有光，便舍船，从口入，初极狭，才通人，复行数十步，豁然开朗"，以至其有某种恍忽迷离的神秘气氛。

1．以山石构成的洞壑不仅平面蜿蜒曲折，而且从高程上看又迴环错落。

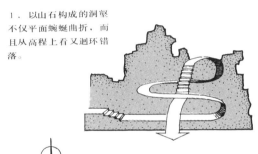

3．狮子林指柏轩前院及中部假山处理：规模大、占地广，自指柏轩前一直连绵至荷花池以南。沟涧洞壑纵横交错，忽上忽下，互相贯通穿插，置身其内犹如进入迷宫，为传统园林堆山最曲折、最复杂的实例之一。

狮子林东部、中部堆山叠石处理平面示意图

2．怡园西部景区山石处理，洞壑迴环错落，时而深潜岩底，时而登临岩峰，忽明忽暗，忽开忽合，变化无穷。

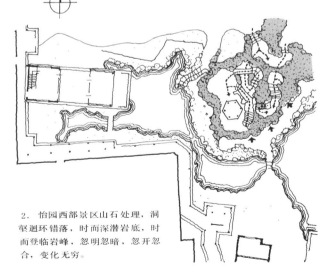

A．自东南侧看假山、洞口（右图）
B．自近处看洞口及螺髻亭（左图）

追求自然曲折，作为中国园林的基本特点之一，几乎贯穿于造园手法的一切方面。例如园林中的水池，一般都取不规则的形状。不仅形状如此，就连池岸处理也务求曲折而总平直。为此，多以山石做成驳岸，或以山与池相结合而形成"山池"。以石做成驳岸既可加固岸基，但尤为重要的则是可以利用山石自然形态的变化而呈各种犬牙交错的形式，这样，在水与陆之间就似乎有了一种过渡，而不致产生突然、生硬的感觉。驳岸的曲折要自然；石块的大小和形状应搭配巧妙；要大小相间、疏密有致，并具有不规则的节奏感。

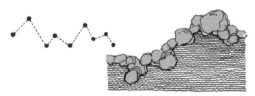

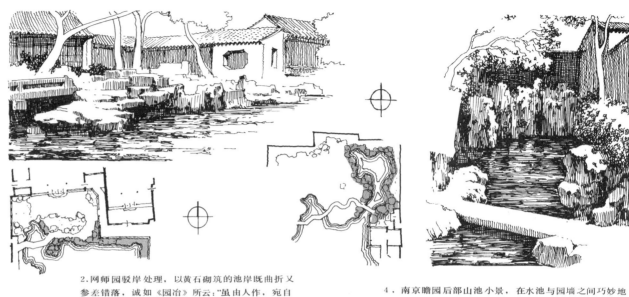

2.网师园驳岸处理，以黄石砌筑的池岸既曲折又参差错落，诚如《园冶》所云："虽由人作，宛自天开"，极富自然情趣。

4．南京瞻园后部山池小景，在水池与园墙之间巧妙地以山石作为过渡，不仅增加了曲折性和自然情趣，而且还丰富了空间层次变化。

3．寄畅园池岸一角，该园一半为山一半为水，山与水之间的驳岸处理巧妙自然，从而使山水相依，互为衬托，各具不同意境。

1．拙政园池岸片断，该园以水景称著，水陆萦迴，驳岸处理曲折有致。

庭园理水——I

和山石一样,水也是构成园林景观的基本要素之一。宋郭熙在《林泉高致》中指出:"水活物也,其形欲深静,欲柔滑,欲汪洋,欲迴环,欲肥腻,欲喷薄……",极为详细地描绘了水的多种情态。园林用水,大体可以分为集中与分散两种处理手法。对于中、小型庭园,多采用集中用水的方法,即以水池为中心,四周环列建筑,从而形成一种向心和内聚的格局。特别是小园,采用这种布局形式常可使有限空间具有幽静和开朗的感觉。至于水池本身,除少数呈规则的矩形,一般均取自由曲折的形状,并以山石驳岸,以期赋予自然情趣。

4. 鹤园,亦系以水为中心,但四周所留地面略大,水池似不足以控制全局。

集中用水,以水池为中心,并使水池充满整个庭院的分析。

3. 畅园,院既小又狭长,集中用水,并以水池为中心,但院内留有较多地面可供绿化或堆叠山石。

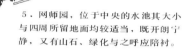

5. 网师园,位于中央的水池其大小与四周所留地面均较适当,既开朗宁静,又有山石、绿化与之呼应陪衬。

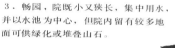

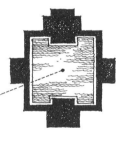

使水池偏于一侧的分析。

2. 谐趣园,与画舫斋相似也系以水池为中心,但较画舫斋自由曲折而富变化。

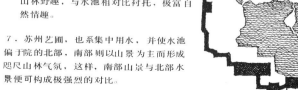

6. 留园中部庭园,集中用水,但水池偏于一侧,从而留出较大地面堆山叠石,并于其上广种密植各种乔、灌木以造成山林野趣,与水池相对比衬托,极富自然情趣。

7. 苏州艺圃,也系集中用水,并使水池偏于院的北部,南部则以山景为主而形成咫尺山林气氛,这样,南部山景与北部水景便可构成极强烈的对比。

1. 画舫斋中央部分水庭,建筑紧贴着水池四周环列,十分典型地体现了集中用水和以水为中心的布局方法,虽面积不大,却具有开朗、宁静的感觉。惟院内无剩余地面可栽培花木,加之形状方正,自然情趣稍嫌不足。

　　大面积集中用水多见于皇家苑囿，北海、颐和园以及圆明园中的福海等就是属于这种情况。《园冶》中所说："纳千顷之汪洋，收四时之烂熳"只有在这样的园林中才能见到。由于水面辽阔，常以水包围陆地以形成岛屿，如在岛上布置建筑，则势必形成一种离心和扩散的格局。据历史记载的汉、唐宫苑体制：设太液池，池中以土石作蓬莱、方丈、瀛州诸山，山上置台观殿阁，大体上也类似于这种格局形式。从北海和颐和园的情况看，湖中之岛均偏于一侧，这样就把水面分为大小极悬殊的两个部分，大的部分异常辽阔开朗，小的部分则曲折幽静，两者恰成鲜明对比。

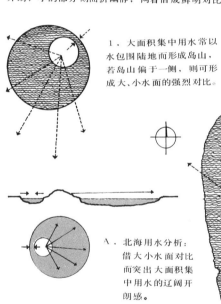

　　1．大面积集中用水常以水包围陆地而形成岛山，若岛山偏于一侧，则可形成大、小水面的强烈对比。

　　A．北海用水分析：借大小水面对比而突出大面积集中用水的辽阔开朗感。

　　2．北海即属于大面积集中用水的实例之一。以水包围琼华岛，因岛的位置偏于园的东南侧，致使西北水面大，东南水面小，两者对比极强烈。借这种对比将更加衬托出西北湖面的辽阔开朗感。

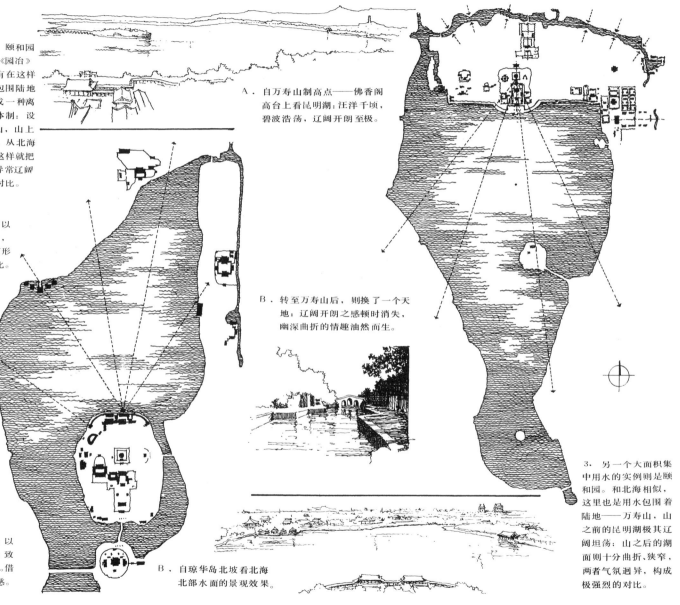

　　A．自万寿山制高点——佛香阁高台上看昆明湖：汪洋千顷，碧波浩荡，辽阔开朗至极。

　　B．转至万寿山后，则换了一个天地：辽阔开朗之感顿时消失，幽深曲折的情趣油然而生。

　　B．自琼华岛北坡看北海北部水面的景观效果。

　　3．另一个大面积集中用水的实例则是颐和园。和北海相似，这里也是用水包围着陆地——万寿山，山之前的昆明湖极其辽阔坦荡；山之后的湖面则十分曲折、狭窄，两者气氛迥异，构成极强烈的对比。

庭园理水——3

用化整为零的方法把水面分割成若干互相连通的小块，则可因水的来去无源流而产生隐约迷离和不可穷尽的幻觉。某些中型或大型私家园林就是以这种方法而给人以深邃藏幽之感。分散用水还可随水面的变化而形成若干大大小小的中心——凡水面相对开阔的地方均可因势利导地借亭台楼阁或山石、花木的配置而形成相对独立的空间环境；而水面相对狭窄的地方——溪流——则起沟通连接作用，这样，各空间环境既自成一体，又互相连通，从而具有一种水陆萦迴、岛屿间列和小桥凌波而过的水乡气氛。

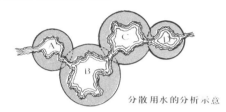

分散用水的分析示意

1．南京瞻园，以三块较小而又相互连通的水面代替集中的大水面，从而形成三个中心。第一个水面最曲折而富有变化；第二个水面较开朗宁静；第三个水面虽小但却极为幽深。

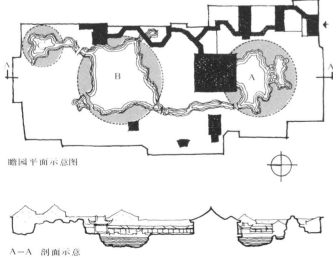

瞻园平面示意图

A—A 剖面示意

2．北海静心斋，以化整为零的方法把水面分成 为许多小块，以水面为中心分别形成若干各有特色的小景区。

3．拙政园，以分散用水的方法使水陆迴环萦绕，给人以来去无源头及不可穷尽之感。

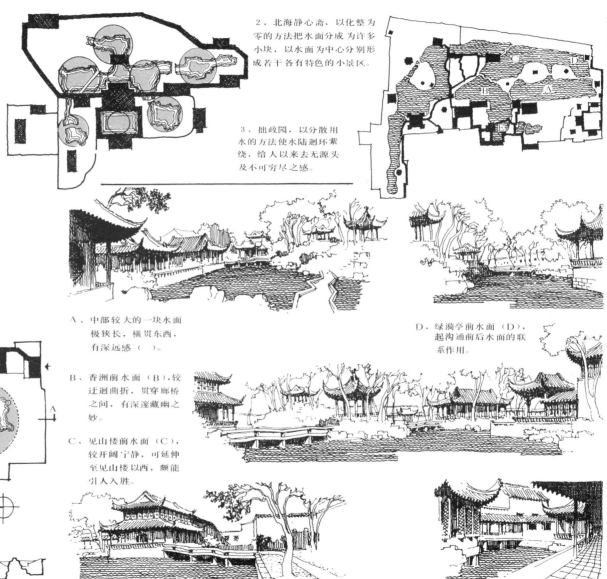

A．中部较大的一块水面极狭长，横贯东西，有深远感（ ）。

B．香洲前水面（B），较迂迴曲折，贯穿廊桥之间，有深邃藏幽之妙。

C．见山楼前水面（C），较开阔宁静，可延伸至见山楼以西，颇能引人入胜。

D．绿漪亭前水面（D），起沟通前后水面的联系作用。

E．是水面B的延伸，极幽静。

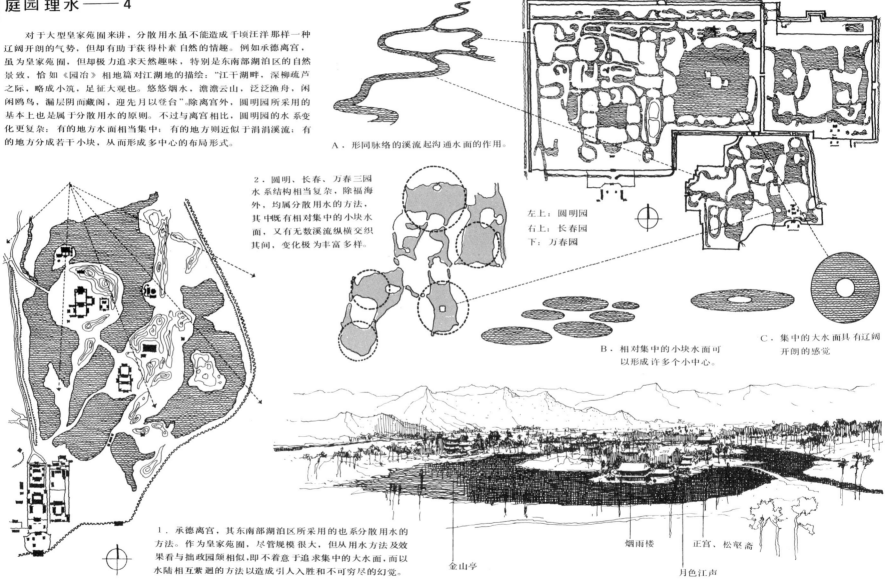

对于大型皇家苑囿来讲，分散用水虽不能造成千顷汪洋那样一种辽阔开朗的气势，但却有助于获得朴素自然的情趣。例如承德离宫，虽为皇家苑囿，但却极力追求天然趣味，特别是东南部湖泊区的自然景致，恰如《园冶》相地篇对江湖地的描绘："江干湖畔，深柳疏芦之际，略成小筑，足征大观也。悠悠烟水，澹澹云山，泛泛渔舟，闲闲鸥鸟，漏层阴而藏阁，迎先月以登台"。除离宫外，圆明园所采用的基本上也是属于分散用水的原则。不过与离宫相比，圆明园的水系变化更复杂：有的地方水面相当集中；有的地方则近似于涓涓溪流；有的地方分成若干小块，从而形成多中心的布局形式。

A．形同脉络的溪流起沟通水面的作用。

2．圆明、长春、万春三园水系结构相当复杂，除福海外，均属分散用水的方法，其中既有相对集中的小块水面，又有无数溪流纵横交织其间，变化极为丰富多样。

左上：圆明园
右上：长春园
下：万春园

B．相对集中的小块水面可以形成许多个小中心。

C．集中的大水面具有辽阔开朗的感觉

1．承德离宫，其东南部湖泊区所采用的也系分散用水的方法。作为皇家苑囿，尽管规模很大，但从用水方法及效果看与拙政园颇相似，即不着意于追求集中的大水面，而以水陆相互萦迴的方法以造成引入入胜和不可穷尽的幻觉。

金山亭　　烟雨楼　　正宫、松鹤斋　　月色江声

庭园理水——5

《园冶》中所说的"涧",就是夹于两山之间的带状水面。当然,带状水面并不限于涧这一种形式,出于地形的需要,即使在平坦的地段上,有时也可以借带状水面的连续性以期造成引人入胜的感觉。带状水面是自然界溪流(河)的艺术再现,它总宽而求窄,总直而求曲。此外,为了求得变化,一般都具有强烈的宽窄对比:借窄的地方起收束视野的作用,至宽的地方便顿觉开朗。这样,泛舟于其间便可产生忽开忽合、时收时放的节奏变化。若使带状水面屈曲迥环,也能凭添深邃藏幽的情趣,特别是与山石相结合而使之穿壑通谷,则更有深情。

A.曲折狭长的分析

B.宽窄对比分析

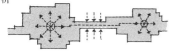

1.带状的水面如溪流,一般具有两个特点:一是曲折狭长;二是有明显的宽窄对比,只有这样方可造成深邃藏幽的气氛。

2.圆明园北部景区,以极长而又狭窄的带状水面为纽带把分散的风景点连系成完整的序列,并可借带状水面的导向性而引人入胜。东段水面较曲折又具有较明显的宽窄对比与变化,西段较单调。

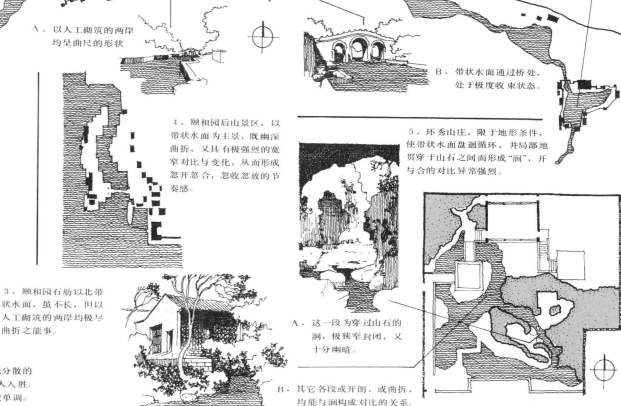

A.以人工砌筑的两岸均呈曲尺的形状

B.带状水面通过桥处,处于极度收束状态。

C.谐趣园,作为带状水系的终结有豁然开朗之感

4.颐和园后山景区,以带状水面为主景,既幽深曲折,又具有极强烈的宽窄对比与变化,从而形成忽开忽合、忽收忽放的节奏感。

3.颐和园石舫以北带状水面,虽不长,但以人工砌筑的两岸均极尽曲折之能事。

5.环秀山庄,限于地形条件,使带状水面盘迥循环,并局部地贯穿于山石之间而形成"涧",开与合的对比异常强烈。

A.这一段为穿过山石的涧,极狭窄封闭,又十分幽暗。

B.其它各段或开朗,或曲折,均能与涧构成对比的关系。

宋郭熙在《林泉高致》中写道:"山以水 为血脉……故山得水而活，水以山 为面……故水得山而媚"，绘画如此，实际景观也是这样。然而并不是在任何条件下凡有山必有水，为此，在有山而无水源的情况下，以人工方法开凿小池以蓄水，并以它来点缀建筑与自然环境，便可使山得水而活，水得山而媚。这种池惟其小，故只能起点缀作用；又惟其集中，却常能发挥画龙点睛的效果。此外，这种小池显属人工开凿，故亦无须掩饰，而常呈规则的矩形或半月形。杭州的虎跑寺，作为寺院园林，曾巧妙地运用各种小池而把局部环境装点得更加妩媚。

左：不规则小池

右：规则的小池

B-B′剖面示意

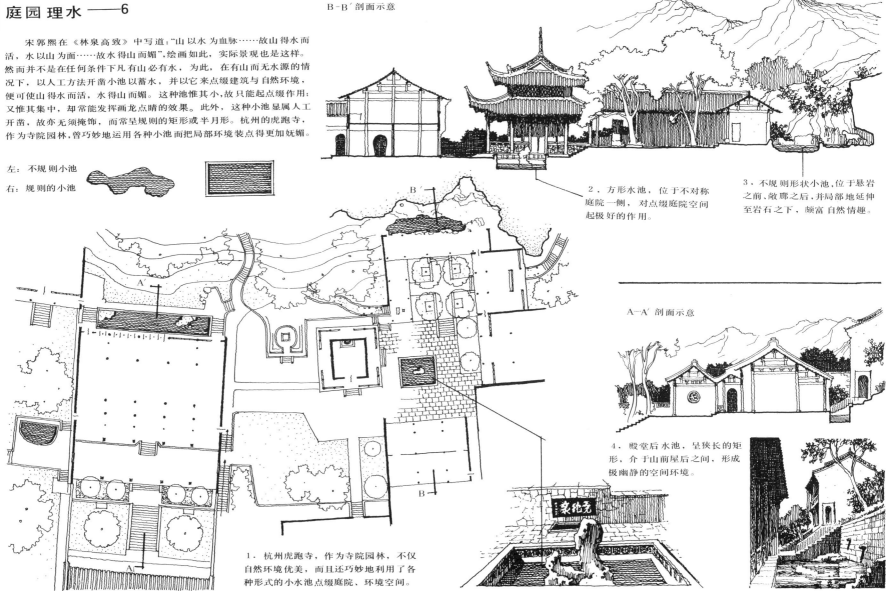

2．方形水池，位于不对称庭院一侧，对点缀庭院空间起极好的作用。

3．不规则形状小池，位于悬岩之前、敞廊之后，并局部地延伸至岩石之下，颇富自然情趣。

A—A′剖面示意

4．殿堂后水池，呈狭长的矩形，介于山前屋后之间，形成极幽静的空间环境。

1．杭州虎跑寺，作为寺院园林，不仅自然环境优美，而且还巧妙地利用了各种形式的小水池点缀庭院、环境空间。

庭园理水——7

以人工开凿的较整齐规则的小池，还可以用来点缀较小的庭院空间，从而赋予局部空间环境以活力。例如某些建筑群，其布局基本保持轴线对称或比较严整方正的形式，面对这种情况，如果在水面的处理上不恰当地强调自由曲折，便可能与建筑及环境格格不入，为了求得统一协调，往往以人工开凿的较小、较规则的水池，来点缀庭院空间，反而能收到良好的效果。当然，这也不意味着池的形状必须是方方正正的矩形，只要环境允许，即使局部的地方比较曲折，甚至完全用山石作为驳岸而呈自由曲折的形式，也每每能与周围的环境相协调。

3．杭州玉泉观鱼庭院，由四合院布局形成的空间院落均呈规则的矩形，为与环境相协调，分别以五个大小不同的矩形小池点缀各庭院空间。

部分池岸较规则，部分池岸较曲折的小池

1．颐和园扬仁风庭院，呈轴线对称布局，入口处为一小池，池岸前半部较规整，后半部以山石为驳岸，较曲折，这种形式的小池既自然又能与周围环境相协调。

2．无锡惠山第二泉庭院，前后共两个小池，前一个呈规则的矩形，后一个较自由曲折，都能与各自所处的环境相协调。

A—A′剖面

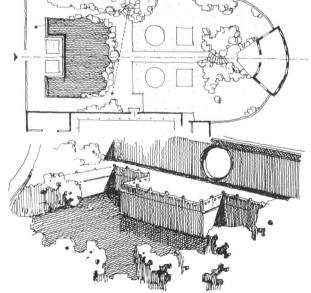

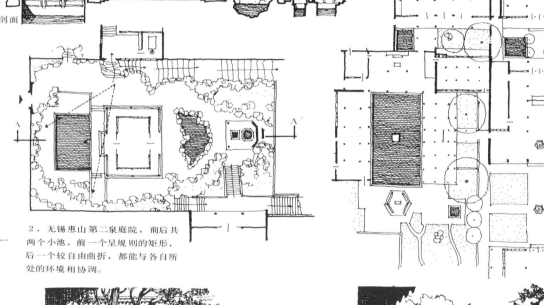

花木配置——I

"园，所以种树木也"："种果为园"，从这些对"园"的解释看来，园林是不可以没有花木的。园林中有许多景观的形成都与花木有直接的联系。例如承德离宫中的"万壑松风"、"松鹤清樾"、"青枫绿屿"、"梨花伴月"、"曲水荷香"、"金莲映日"等都是以花木作为主题的风景点。江南园林也是这样，如拙政园中的枇杷园、远香堂、玉兰堂、海棠春坞、留听阁、听雨轩等，有的是以直接观赏花木为主题，有的则是借花木而间接抒发某种情趣。中国园林不单是一种视觉艺术，而且还涉及到听觉、嗅觉等其它感官。此外，春夏秋冬等时令变化，雨雪阴晴等气候变化都会改变空间意境而影响到人的感受，这些因素往往又都是借花木作为媒介而间接发挥作用的。

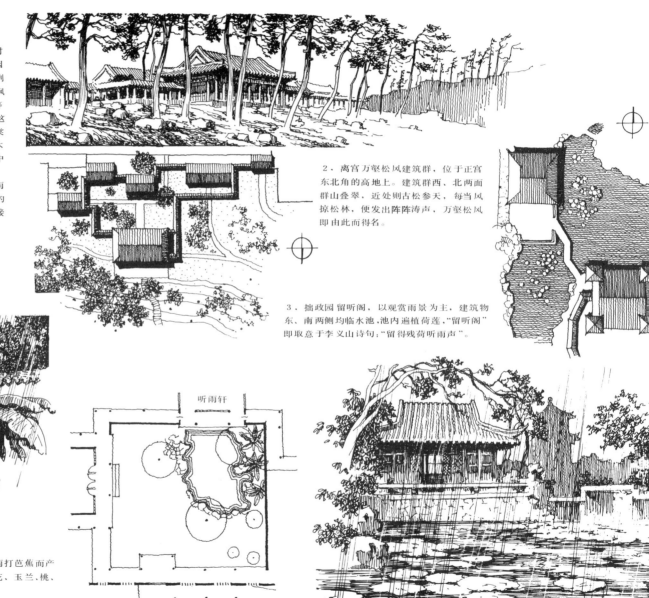

2．离宫万壑松风建筑群，位于正宫东北角的高地上。建筑群西、北两面群山叠翠，近处则古松参天，每当风掠松林，便发出阵阵涛声，万壑松风即由此而得名。

3．拙政园留听阁，以观赏雨景为主，建筑物东、南两侧均临水池，池内遍植荷莲，"留听阁"即取意于李义山诗句："留得残荷听雨声"。

听雨轩

1．拙政园听雨轩庭院，院内一角遍植芭蕉，借雨打芭蕉而产生的声响效果来渲染雨景气氛。此外，还种有桂花、玉兰、桃、竹等以作陪衬，俾使四季景色均有所变化。

花木配置——2

如果说万壑松风、听雨轩、留听阁等主要是借古松、芭蕉、残荷在风吹或雨打的条件下所产生的声响效果而给人以不同艺术感受的话，那么还有一些花木则是通过色彩变化或嗅觉等其它途径来传递信息的。例如离宫中的"金莲映日"和拙政园中的枇杷园主要就是通过色彩而影响人的感受的，为此，枇杷园又称之为金果园。至于通过嗅觉而起作用的例子就更加多得不胜枚举了。例如留园中的"闻木樨香"，拙政园中的"雪香云蔚"和"远香益清"等景观，无非都是借各色（桂、梅、荷）花香袭人而得名。陆游曾有"花气袭人知骤暖"的诗句，这表明各种花木的生长、盛开或凋谢常因时令变化而更迭——夏日的荷莲，秋天的桂、菊，寒冬的腊梅，因而，随着各色花木的盛开或凋谢便不期而然地反映出季节和时令的变化。这些，在中国园林中都能化为诗的意境而深深地感染着人。

2．拙政园雪香云蔚亭，位于园的中部一小丘上，周围除有几株高大乔木外，还种植了许多腊梅，每当岁寒之时，斗雪的腊梅开得最盛，花香与瑞雪交相辉映，为园中观赏冬景的佳处。

3．拙政园中部荷花池，池南正对着园内主要厅堂——远香堂。每当夏季，荷花盛开，阵阵清香随微风吹拂到厅堂内外，真是沁人肺腑，远香堂即取意于"远香益清"。

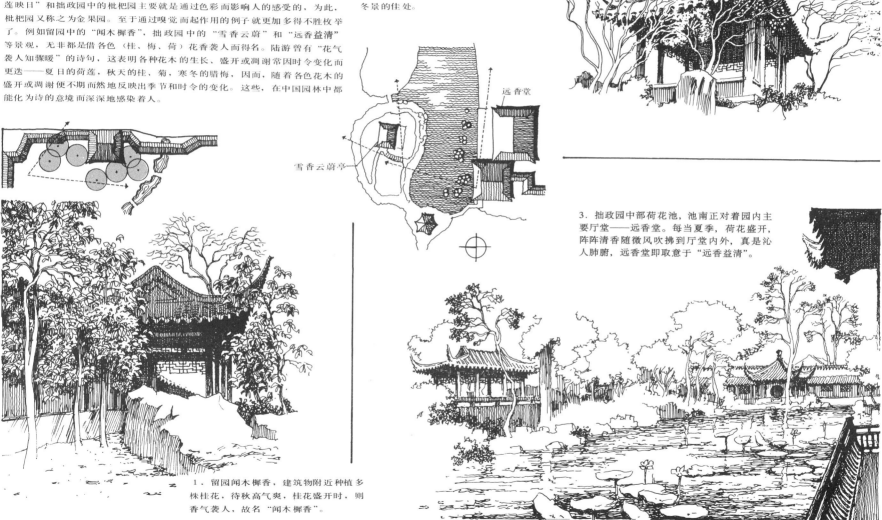

远香堂

雪香云蔚亭

1．留园闻木樨香，建筑物附近种植多株桂花，待秋高气爽，桂花盛开时，则香气袭人，故名"闻木樨香"。

园林中的树，可以点种，也可以丛植。从视觉的观点看点种的树更加引人注目。通过对若干实例分析可以看出，点种的树凡树形优美而又配置得宜，均能起烘托陪衬建筑物的作用。所谓树形，系指干与枝的姿态及树冠的外轮廓线，它虽非人工所能控制，但却可根据树种特点而作合理选择。至于配置，则主要系指种植位置的安排，从对若干实例的分析情况看，最关键的一点是能否以被烘托的建筑物为重心而使前后左右保持不对称形式的均衡。

点种乔木，为陪衬建筑，保持均衡构图的分析示意。

2.苏州沧浪亭内之沧浪亭，四周环列较高大乔木五、六株，由各树中心联线所形成的交点几乎与亭的中心相重合，从而保持了均衡。

1.拙政园雪香云蔚亭周围点种乔木的配置分析：高大乔木共四株，大小、距离及位置安排大体上保持了不对称的均衡。

3.拙政园绣绮亭，位于山石之上，较大的五株乔木按近大远小的原则配置，从而保持了不对称的均衡。

花 木 配置——4

点种或孤植的树还可用以点缀庭院空间。中国园林多以建筑、游廊、墙垣围成既小又封闭的空间院落,如不培花植树,势必光秃单调,但花木过于繁茂,又将局促拥塞。对于这样的小院,或孤植,或点种乔木二、三株以作点缀,常可获得良好效果。孤植的树宜偏于院的一角而切忌居中,其高低、大小、疏密应与院的大小相适应。此外,树种或名贵、或挺拔、或苍劲、或古拙、或袅娜多姿,或盘根错节,总之,必须具有独特的性格。

极小的庭院空间,若孤植乔木一株,宜置于院的一角。

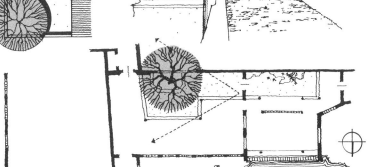

3. 留园石林小院,极小又不规则,种有夹竹桃、绣球等以作观赏,惟西南角植白皮松一株,既高大又挺拔苍翠,对庭院空间起着极好的点缀和庇荫作用。

1. 古木交柯庭院,位于留园入口处,院极小,且呈"L"形,东南一隅有老槐一株,虽干枯,但却苍劲古拙,"古木交柯"即由此而得名。

4. 北海画舫斋古柯庭,顾名思意,其主题为一"千年古柯"——老槐,植于院西南一角,枝叶虽不繁茂,老干却极为古拙。

2. 拙政园海棠春坞庭院,种有海棠、竹等,并以海棠为主要观赏对象。此外,还在院的东南角植高大榆树一株以作点缀。

花木配置——5

对于稍大的庭院来讲，孤植的树难免会使人感到不足以庇荫整个空间，为此，尚须以点种的方法在院内栽植乔木二、三株，方能与环境相称。《园冶》立基篇所说："凡园圃立基，先乎取景，妙在朝南，倘有乔木数株，仅就中庭一二"，所说的就是这种情况。厅堂前的庭院若植树两株，宜一大一小，忌平均对待；宜各偏一角，忌对称排列。若植树三至四株，宜疏密相间并保持均衡，忌排成一条直线或呈正三角形、正四边形。此外，尚须适当配置灌木、花草，并使之作为乔木的陪衬。

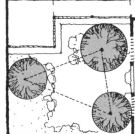

3. 扬州纸花厂东南隅庭院，院内植女贞、腊梅、天竹各一株，一据西北，一据东北，一据西南，三者联线呈不等边三角形。

4. 苏州壶园庭院，呈不规则形状，沿水池周围植有白皮松、罗汉松、腊梅、海棠等，皆各据院之一角。

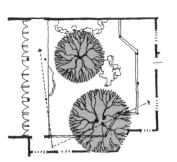

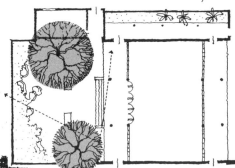

1. 拙政园玉兰堂庭院，共有乔木两株，一大一小，分列左右两侧。大者为玉兰，是院内主要观赏对象，小者为桂花，起烘托陪衬作用。

两株乔木的配置，应一大一小，各据庭院一角

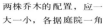

2. 狮子林古五松园庭院，有桂花、柏树各一株，一据院西，一据东南，前者袅娜窈窕，后者苍劲挺拔。

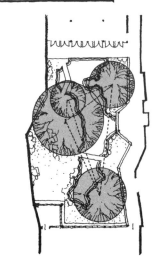

花木配置——6

随着庭院空间的进一步扩大，仅数株乔木依然不能使浓荫覆地，这时，只有以点种与丛植相结合；乔木与灌木相搭配，方能获得枝叶繁茂和嘉木葱茏的气氛。点种与丛植本身就包含有疏与密的对比，而乔木与灌木也自然有主与从的差异，因而只要配置得宜便可天成自然情趣。至于花木品种选择，则可依主观意图而定。例如当考虑到色彩的对比与调和；开花季节的先后；一年四季都能保持常绿等因素，则必须使不同品种花木相搭配或兼种。如果考虑到突出某一主题或景观，则可选择同一品种而复种，或以某一品种为主而辅以其它品种。以上两种配置方法虽各有利弊，但也各有特点，在中国园林中都不乏先例。

以某一种树为主的配置方法

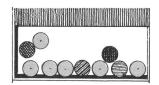

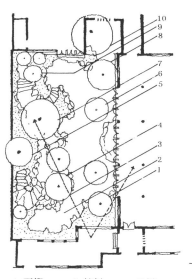

1. 石榴　　5. 柏树　　9. 桃树
2. 罗汉松　6. 玉兰　　10. 夹竹桃
3. 紫藤　　7. 榆树
4. 玉兰　　8. 梅花

1. 留园五峰仙馆前庭院，五峰仙馆系留园主要厅堂，它的前院即采用多品种花木间种的配置方法。计有柏、榆、罗汉松、紫藤、梅、石榴、海棠、玉兰、夹竹桃等十多个品种。其中有属常绿树；有属落叶树；有属乔木；有属灌木。此外，开花季节也各不相同，一年四季可有许多变化。

以各种品种花木互相搭配的配置方法

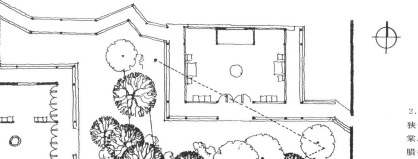

鸡爪槭树　腊梅　白玉兰　槭树　西府海棠　桂花

2. 网师园小山丛桂轩庭院，呈狭长形状。虽植有桂花、西府海棠、槭树、鸡爪槭树、白玉兰、腊梅等品种的花木共约十二、三株，但其中桂花占七株，所以还是以赏桂为主，"小山丛桂" 正是以此而得名。

大面积地丛种密植将可以形成葱葱郁郁的树林，这虽然不常见于一般庭院，但对于某些大型园林来讲却可借此而使老树参差以列千寻之耸翠。例如承德离宫的万树园就是属于这种情况（已毁）。江南园林如留园、拙政园、狮子林、沧浪亭等也都在园内山石集中之处广种树木以期获得山林野趣。凡丛种密植而成林者，常以某一种树为主而杂以其它品种。如北方园林，由于冬季时间长，为保持四季常青多选择松、柏，而江南气候较暖，则多选择落叶树。关于配置方法，一般均忌规则而求自然。此外，虽说是密植，但也要密中有疏以求对比与变化。极个别场合，为与环境协调，也可整整齐齐地按方阵形式排列。

1. 留园西部景区，在凹凸起伏的山石上大面积地密植枫树以形成葱郁的枫林。配置方法取自然形式：密中有疏，大小相间，高低参差，虽由人工种植，却宛如自然山林。

以自然方法密植成林示意

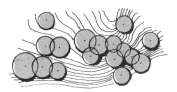

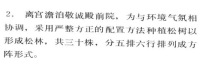

排列成方阵形式的配置方法示意

2. 离宫澹泊敬诚殿前院，为与环境气氛相协调，采用严整方正的配置方法种植松树以形成松林，共三十株，分五排六行排列成方阵形式。

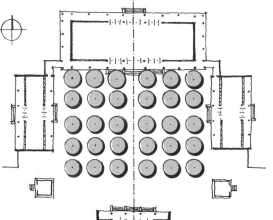

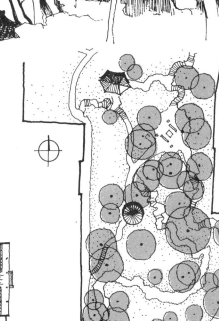

花木配置——8

园林中的树还可以起丰富空间层次变化和加大景深的作用。在论述空间渗透与层次时曾具体分析通过门窗洞口去看某一景物的情况，并认为由于隔着一重层次看，故愈觉含蓄深远。其实，这和透过枝叶扶疏的网络去看某一景物，其作用是一样的——都是在一定距离内加进一重层次，从而使景物退避到这一层次之后，这样，尽管实际距离不变，但感觉上却显得更深远。此外，透过枝叶扶疏的网络看某一景物，也是既有遮挡又有显露，因而，还可因网络的疏密变化而分别获得程度不同的含蓄感。

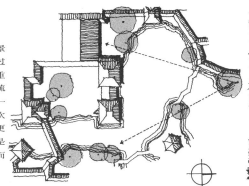

1. 通过由树木枝干交织成的网络或稀疏的枝叶缝隙看园中景物，将可获得丰富的空间层次变化并增强景的深度感。上图所示为苏州环秀山庄一角。

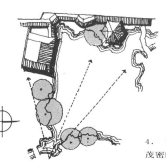

2. 网师园景色，从池的这一岸透过茂密的树丛看对岸的亭廊，从而使之变得更加含蓄深远。

3. 拙政园中部园景，自柳荫路曲看香洲，以树木枝干为近景，曲桥为中景，香洲便退避至第三个层次——远景。

4. 苏州耦园小景，楼阁隐匿于茂密的枝干的网络之后，半藏半露，若隐若现，十分含蓄幽深。

由树木枝、干、叶交织成的网络如稠密到一定程度，便可形成为一种界面，利用它还可起限定空间的作用。这种界面与由建筑、墙垣所形成的界面相比，虽不甚明确、具体、密实，但也有其特点。如果说后者所提供的是密实的屏障，那么前者所提供的则是稀疏的屏障，由这两种屏障互相配合而共同限定的空间，必然是既有围，又有透。例如留园中部景区就是借这两种界面——东、南两侧以建筑，西北两侧以树木——的围合而形成空间的。

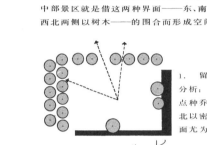

1. 留园中部景区空间形成分析：东、南以建筑为界面点种乔木仅起点缀作用；西、北以密植树木形成界面，西面尤为浓密，北面稍稀疏。

2. 四个界面密实程度各不相同，由此而围合的空间自然会有实有虚，有围有透。

A. 东面：以建筑为界面，树木仅起点缀作用。

B. 南面：以建筑为界面，树木仅起点缀作用。

C. 西面：以树木组成浓密的屏障

D. 北面：以树木组成稀疏的屏障

花木配置——IO

在某些情况下，茂密的林木甚至在限定空间中担任主要角色。例如当建筑物比较稀疏、分散，以致不能有效地形成界面时，依靠密植的林木则能补偿建筑的不足，而在限定空间中起主导作用。拙政园中部景区就是属于这种情况。这里虽然也有几幢建筑，但终究因为彼此相距太远而显得稀稀落落，不能有效地起到限定空间的作用,在这里，正是借茂密的林木而弥补了建筑的不足。

拙政园中部景区平面示意图

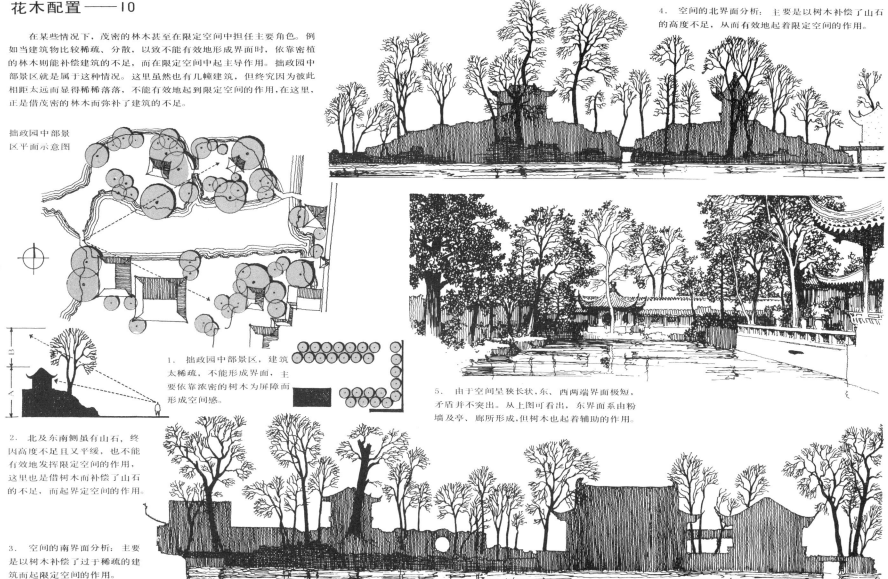

1. 拙政园中部景区，建筑太稀疏，不能形成界面，主要依靠浓密的树木为屏障而形成空间感。

2. 北及东南侧虽有山石，终因高度不足且又平缓，也不能有效地发挥限定空间的作用，这里也是借树木而补偿了山石的不足，而起界定空间的作用。

3. 空间的南界面分析：主要是以树木补偿了过于稀疏的建筑而起限定空间的作用。

4. 空间的北界面分析：主要是以树木补偿了山石的高度不足，从而有效地起着限定空间的作用。

5. 由于空间呈狭长状，东、西两端界面极短，矛盾并不突出。从上图可看出，东界面系由粉墙及亭、廊所形成,但树木也起着辅助的作用。

花木配置——II

枝繁叶茂的林木，尚可用来补偿因界面高度不足而造成空间感不强的缺陷。例如以建筑或山石围合而成的空间，如果面积过大，而建筑或山石的高度又有限，则可能因为界面的高度不够而使人感到空间感不强。面对这种情况，以广种密植的乔木将可以在下半部较密实的界面之上再形成一段较稀疏的界面，从而有效地增强了空间感。

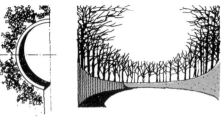

2. 过于低矮的界面其空间感也不强，借助于树木将可加强其空间感。

3. 颐和园谐趣园，以游廊连接建筑而形成的界面，尽管绕湖一周而呈闭合的环状，但毕竟由于湖面过大而建筑的高度又有限，空间感仍嫌不足。幸好外围乔木参天，在以建筑形成的界面之上又形成一段较稀疏的界面，从而有效地增强了空间感。

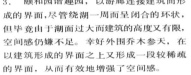

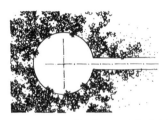

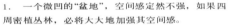

1. 一个微凹的"盆地"，空间感定然不强，如果四周密植丛林，必将大大地加强其空间感。

北海濠濮间北部园林空间示意

4. 北海濠濮间北部的园林空间，主要是借山石为界面而形成的。但由于山的高度有限而坡度又十分平缓，犹如微凹的盆地，也存在着空间感不强的问题。惟山坡上的树林，枝叶繁茂浓密，恰似一道雉堞，对于加强空间感起着极为重要的作用。

南北造园风格比较——Ⅰ

从处理手法上看，南、北园林所遵循的原则大体上是一致的。但毕竟由于各自服务的对象不同，所处地区的气候条件不同；传统和风俗习惯不同，因而使得南、北园林又都保留着各自的特点和不同的艺术风格。这种特点和差异首先表现在平面布局上：总的讲来，北方皇家园林的布局较严整；南方私家园林则较自由活泼。此外，从建筑体形方面看，北方园林较敦实、厚重、封闭；南方园林则较轻巧、通透、开敞。

1. 北方皇家园林平面布局有两大特点：一，不能完全摆脱对称影响；二，多少带有外向的特点。江南私家园林则不然，它既不追求对称，又很少考虑外向要求。以上差异主要是因服务对象及所处环境不同所致。

2. 无论从建筑的整体或细部处理方面看，北方园林都比较敦实、厚重、封闭；而南方园林则极其轻巧、玲珑、通透、开敞。这种差别主要是因气候条件不同所致。

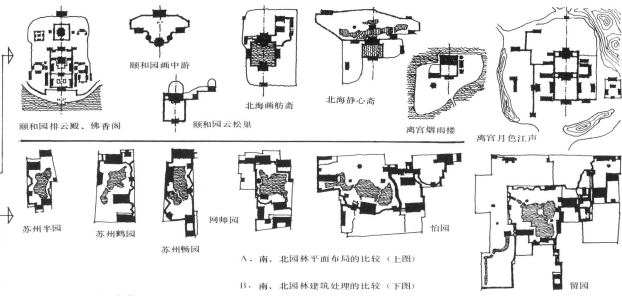

颐和园排云殿、佛香阁　颐和园云松巢　颐和园画中游　北海画舫斋　北海静心斋　离宫烟雨楼　离宫月色江声

苏州半园　苏州鹤园　苏州畅园　网师园　怡园　留园

A．南、北园林平面布局的比较（上图）

B．南、北园林建筑处理的比较（下图）

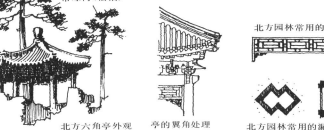

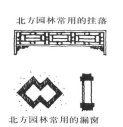

常绿树（松柏）　北方园林常用的挂落

北方六角亭外观　亭的翼角处理　北方园林常用的漏窗　北方园林外观较敦实、厚重、封闭。

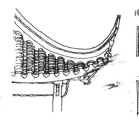

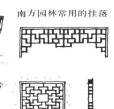

−30，−20

−20，−10

−10，0

0－10

10－20

落叶树　南方园林常用的挂落

南方六角亭外观　亭的翼角处理　南方园林常用的漏窗　南方园林则十分开敞、通透。

除平面布局及建筑处理外、南、北园林建筑在尺度方面的差异也是十分明显的。北方皇家园林建筑如果与宫殿建筑相比，其尺度确属较小的一类，按营造则例规定，后者属于大式做法，前者属于小式做法。但尽管如此，如果拿它和南方私家园林建筑作比较，它的尺度依然要大得多。由此可见，江南园林建筑其尺度之小巧，实在是到了无以复减的地步。这里就厅堂、楼阁、亭等三类建筑分别作比较，从比较中可以看出：同类的建筑，在江南园林中属最大者，但在北方园林中仅属中等、甚至是较小者。

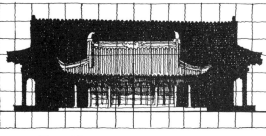

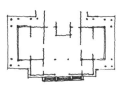

乐寿堂平面（上）
远香堂平面（下）

2. 上图示颐和园乐寿堂（后）与拙政园远香堂（前）之比较同属厅堂，前者尺度远大于后者。下图示留园泉青硕之馆，这在江南园林中已属最大的厅堂之一，但仍小于乐寿堂。

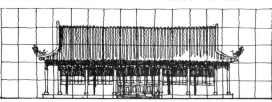

3. 上图示离宫烟雨楼（后）与拙政园见山楼之比较，前者尺度远大于后者。下图为用同一比例尺绘制的留园曲谿楼及西楼立面，无论是整体或细部其尺度均明显地小于烟雨楼。

1. 以北京故宫太和殿与承德离宫澹泊敬诚殿作比较，同属帝王处理朝政的宫殿建筑，但处于苑囿中的宫殿其尺度则小得多。

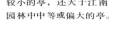

4. 园林中的亭其大小变化幅度很大，下图示南、北园林中亭的尺度比较，从图中可以看出，北方园林中较小的亭，还大于江南园林中中等或偏大的亭。

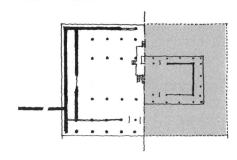

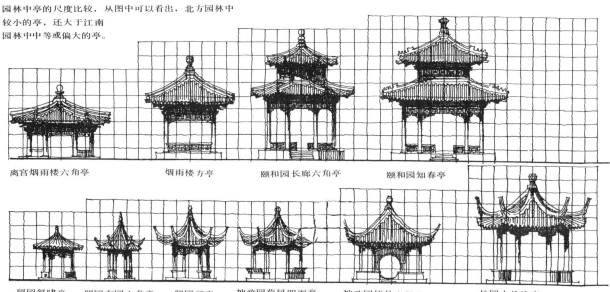

离宫烟雨楼六角亭　　烟雨楼方亭　　颐和园长廊六角亭　　颐和园知春亭

留园舒啸亭　留园东园六角亭　留园可亭　拙政园荷风四面亭　拙政园梧竹幽居亭　怡园小沧浪亭

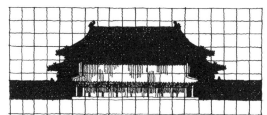

上图：故宫太和殿（左）与离宫澹泊敬诚殿（右）平面比较
下图：太和殿与澹泊敬诚殿立面尺度比较

南北造园风格比较——3

　　南、北园林建筑的色彩处理也有极其明显的差别，即北方园林较富丽，南方园林较淡雅。总的讲来，与宫殿、寺院建筑相比，园林建筑的色彩处理还是比较朴素淡雅的，例如承德离宫中的澹泊敬诚殿，不仅没有运用琉璃瓦作为屋顶装饰，而且木作部分也一律不施油漆彩画，而使楠木本色显露于外，从而给人以朴素淡雅的感觉。但某些北方皇家苑囿如颐和园、北海等，虽然有些部分的建筑也是采用青瓦屋顶、苏式彩画等比较调和、稳定的色调来装饰建筑，但其主要部分的建筑群如排云殿、佛香阁等，其色彩处理依然十分富丽堂皇。这样，建筑与自然山水、树木之间，从色彩方面讲便构成一种极为强烈的对比关系。

2．北方皇家园林建筑色彩分析之二：颐和园某桥亭，采用小式做法，以青瓦为屋顶，檐部及梁枋以青、绿色为基调并在其上绘制苏式彩画；柱及挂落为朱赤（也可为墨绿）；桥为石之本色，与前一例相比，色彩稍淡雅。

1．北方皇家园林建筑色彩分析之一：颐和园某方亭，采用大式做法，以黄、绿两色琉璃瓦为屋顶；檐部斗拱、梁枋以青、绿等色为基调并绘有彩画；柱及槅扇等木作为朱赤色；槛墙及栏杆分别为石、砖之本色，从整体看色彩甚富丽堂皇。

南北造园风格比较——4

与北方园林建筑相比，江南私家园林建筑的色彩处理则是十分朴素淡雅的。在这里，构成建筑的基本色调不外是有限的几种：一，以灰色的小青瓦作为屋顶；二，全部木作一律呈栗皮色或深棕色；个别建筑的部分构件施墨绿或黑色；三，所有院墙均为白粉墙，这样的色调与北方皇家苑囿那种以金碧辉煌而炫耀富贵、至尊，适成鲜明对比。由于灰栗皮、墨绿等色调均属调和、稳定而又偏冷的色调，不仅极易与自然界中的山石、水、树等相调和，而且还能给人以幽雅宁静的感觉。白粉墙在园林中虽较突出，但本身却很高洁，正可以借色调对比以破除可能出现的沉闷感。

1. 留园中部景区建筑立面示意，色彩处理朴素淡雅，能与以山石、花木、水池等所构成的环境统一协调，并给人以幽雅宁静的感觉。

2 与北方皇家园林不同，江南园林建筑根本不用红、蓝、橙等纯度高、色泽艳丽的原色或间色。它所常用的青灰、栗皮等色彩均属纯度极低的复色，既沉着、稳定，又可与任何色彩相调和。

江南园林建筑色彩处理分析

3. 江南园林建筑用色的另一个特点是色相简单，它仅涉及二、三个色调；即以青瓦为屋顶；各种木作一律施栗皮色油漆；墙垣一律涂以白垩。这三个基本色虽有较强的明暗差别，但就色彩而言却并不构成对比关系。